计算机应用技术实践与指导研究

李彩玲◎著

北京工业大学出版社

图书在版编目（CIP）数据

计算机应用技术实践与指导研究 ／ 李彩玲著． — 北
京 ： 北京工业大学出版社，2021.4
ISBN 978-7-5639-7955-4

Ⅰ．①计… Ⅱ．①李… Ⅲ．①电子计算机 Ⅳ．
① TP3

中国版本图书馆 CIP 数据核字（2021）第 081858 号

计算机应用技术实践与指导研究

JISUANJI YINGYONG JISHU SHIJIAN YU ZHIDAO YANJIU

著　　者：李彩玲
责任编辑：乔爱肖
封面设计：知更壹点
出版发行：北京工业大学出版社
　　　　　　（北京市朝阳区平乐园 100 号　邮编：100124）
　　　　　　010-67391722（传真）　bgdcbs@sina.com
经销单位：全国各地新华书店
承印单位：北京亚吉飞数码科技有限公司
开　　本：710 毫米 ×1000 毫米　1/16
印　　张：11.5
字　　数：230 千字
版　　次：2022 年 7 月第 1 版
印　　次：2022 年 7 月第 1 次印刷
标准书号：ISBN 978-7-5639-7955-4
定　　价：68.00 元

前　言

本书是一本系统研究计算机应用技术及其实践指导的专著。本书以计算机应用技术为主线，在介绍计算机概念、系统等知识的基础上，深入分析了计算机应用与信息社会之间的关系，并结合实例操作，对计算机应用操作系统、数据通信技术、计算机网络技术、多媒体技术、信息检索技术等进行了系统的论述。同时，本书还对计算机防火墙技术进行了深入研究，旨在为更好地利用计算机应用技术提供切实可行的理论借鉴。

本书共六章。第一章为计算机基础，主要内容为计算机概述、计算机应用与信息社会的关系、计算机病毒及其防治、成果展示等；第二章为数据通信技术应用，主要内容为数据通信技术概述、数据传输、数据多路复用与交换技术的应用、常用通信网络、成果展示等；第三章为计算机网络技术应用，主要内容为计算机网络概述、局域网与广域网、计算机网络安全与防护、成果展示等；第四章为多媒体技术应用，主要内容为多媒体技术概述、音频处理技术、图像处理技术、动画处理技术、视频信息处理技术、成果展示等；第五章为信息检索技术应用，主要内容为互联网信息检索、常用数据库信息检索、专利文献检索、组织检索信息成文并投稿、成果展示等；第六章为计算机防火墙技术应用，主要内容为计算机防火墙技术概述、计算机防火墙的主要模式、计算机防火墙的主要产品、成果展示等。

为了确保研究内容的丰富性和多样性，笔者在写作过程中参考研究了大量书籍，在此向涉及的专家学者表示衷心的感谢。

限于笔者水平，加之时间仓促，本书难免存在一些不足，在此恳请读者朋友批评指正。

目　录

第一章　计算机基础

第一节　计算机概述

一、什么是计算机

人类在其漫长的文明史上，为了提高计算速度，不断发明和改进各种计算工具。人类最早的计算工具可以追溯到中国唐代发明的、迄今仍在使用的算盘。在欧洲，16 世纪出现了对数计算尺和机械计算机。到了 20 世纪 40 年代，一方面由于科学技术的发展，对计算量、计算精度、计算速度的要求在不断提高，原有的计算工具已经满足不了需求；另一方面，计算理论、电子学以及自动控制技术等的发展，也为电子计算机的出现提供了可能。因此，在 20 世纪 40 年代中期诞生了第一台电子计算机。

"计算机"顾名思义是一种计算的机器，由一系列电子元器件组成。计算机不同于以往的计算工具，其主要特点如下：

①计算机在处理信息时完全采用数字方式，其他非数字形式的信息，如文字、声音、图像等，要转换成数字形式才能由计算机来处理。

②计算机在信息处理过程中，不仅能进行算术运算，而且还能进行逻辑运算并对运算结果进行判断，从而决定以后执行什么操作。

③只要人们把处理的对象和处理问题的方法步骤以计算机可以识别和执行的"语言"事先存储到计算机中，计算机就可以完全自动地进行处理。

④计算机运算速度快、计算精度高，可以存储大量的信息。

⑤计算机之间可以借助于通信网络互相连接起来，共享信息。

由此可见，计算机是一种可以自动进行信息处理的工具，具有运算速度快、计算精度高、记忆能力强、自动控制、逻辑判断等特点。

计算机可以模仿人的部分思维活动，代替人的部分脑力劳动，按照人的意愿自动工作，所以也把计算机称为"电脑"。

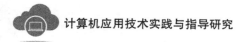

二、计算机的发展历程

现代计算机孕育于英国、诞生于美国。

1936 年，英国科学家图灵向伦敦权威的数学杂志投了一篇论文，在这篇开创性的论文中，图灵提出著名的"图灵机"（Turing Machine）的设想。"图灵机"不是一种具体的机器，而是一种理论模型，可用来制造一种十分简单但运算能力极强的计算装置。正是因为图灵奠定的理论基础，人们才有可能发明 20 世纪以来甚至是人类有史以来最伟大的发明——计算机。因此人们称图灵为"计算机理论之父"。

世界上第一台电子数字计算机于 1946 年 2 月 15 日在美国宾夕法尼亚大学正式投入运行，它的名称叫 ENIAC，是电子数值积分计算机（Electronic Numerical Integrator And Calculator）的缩写。它耗电 174 千瓦，占地 170 平方米，重达 30 吨，每秒钟可进行 5000 次加法运算。虽然它的功能还远远比不上今天最普通的一台计算机，但在当时它已是运算速度的绝对冠军，并且其运算的精确度和准确度也是史无前例的。以圆周率（π）的计算为例，中国古代科学家祖冲之耗费 15 年心血，才把圆周率计算到小数点后 7 位数。1000 多年后，英国人香克斯以毕生精力计算圆周率，才计算到小数点后 707 位。而使用 ENIAC 进行计算，仅用了 40 秒就达到了这个记录，还发现香克斯的计算中，第 528 位是错误的。ENIAC 奠定了电子计算机的发展基础，开辟了一个计算机科学技术的新纪元。

ENIAC 诞生后，美籍匈牙利数学家冯·诺依曼提出了新的设计思想。20 世纪 40 年代末期诞生的离散变量自动电子计算机（Electronic Discrete Variable Automatic Computer，EDVAC）是第一台具有冯·诺依曼设计思想的电子数字计算机。虽然计算机技术发展很快，但冯·诺依曼的设计思想至今仍然是计算机内在的基本工作原理，是我们理解计算机系统功能与特征的基础。

在 ENIAC 诞生后短短的几十年间，计算机的发展突飞猛进。计算机所用的主要电子元器件相继使用了真空电子管，晶体管，中、小规模集成电路和大规模、超大规模集成电路，引起了计算机的几次更新换代。每一次更新换代都使计算机的体积和耗电量大大减小，功能大大增强，应用领域进一步拓宽。

从第一台电子计算机的出现直至 20 世纪 50 年代后期，这一时期的计算机属于第一代计算机，其重要特点是采用真空电子管作为主要的电子元器件。它体积大、能耗高、速度慢、容量小、价格昂贵，应用也仅限于科学计算和军事领域。

　　20 世纪 50 年代后期到 60 年代中期出现的第二代计算机采用晶体管作为主要的电子元器件，计算机的应用领域已从科学计算扩展到了事务处理领域。与第一代计算机相比，晶体管计算机体积小、成本低、功能强、可靠性高。

　　1958 年，世界上第一个集成电路（Integrated Circuit，IC）诞生了，它包括一个晶体管、两个电阻和一个电阻与电容的组合。集成电路在一块小小的硅片上，可以集成上百万个电子元器件，因此人们常把它称为芯片。1964 年 4 月，IBM 公司推出了 IBM 360 计算机，标志着使用中、小规模集成电路的第三代计算机的诞生。

　　在 1967 年和 1977 年，分别出现了大规模集成电路和超大规模集成电路，并在 20 世纪 70 年代中期在计算机上得到了应用。由大规模、超大规模集成电路作为主要电子元器件的计算机称为第四代计算机。

　　目前，计算机正在向以下五个方面发展：

　　①巨型化。天文、军事、仿真等领域需要进行大量的计算，要求计算机有更高的运算速度、更大的存储容量，这就需要研制功能更强的巨型计算机。

　　②微型化。微型计算机已经广泛应用于仪器、仪表和家用电器中，并大量进入办公室和家庭。但人们需要体积更小、更轻便、易于携带的微型计算机，以便出门在外或在旅途中均可使用计算机。应运而生的便携式微型计算机和掌上型微型计算机正在不断涌现，迅速普及。

　　③网络化。将地理位置分散的计算机通过专用的电缆或通信线路互相连接，就组成了计算机网络。网络可以使分散的各种资源得到共享，使计算机的实际效用提高很多。计算机联网不再是可有可无的事，而是计算机应用中一个很重要的部分。人们常说的互联网（Internet）就是一个通过通信线路连接、覆盖全球的计算机网络。通过互联网，人们足不出户就可获取大量的信息，与世界各地的亲友快捷通信，进行网上贸易等。

　　④智能化。目前的计算机已能够部分代替人的脑力劳动，因此也常被称为"电脑"。但是人们希望计算机具有更多的类似人的智能，如能听懂人类的语言、能识别图形、会自主学习等。

　　⑤多媒体化。多媒体计算机就是利用计算机技术、通信技术和大众传播技术来综合处理多种媒体信息的计算机，这些信息包括数字、文本、声音、视频、图形图像等。多媒体技术使多种信息建立了有机的联系，集成为一个系统，并具有交互性。多媒体计算机将真正改善人机界面，使计算机朝着人类接收和处理信息的最自然的方向发展。

　　通过进一步的深入研究，人们发现由于电子元器件的局限性，从理论上讲，电子计算机的发展也有一定的局限性。因此，人们正在研制不使用集成电路的计算机，如生物计算机、光子计算机、量子计算机等。

三、计算机的类型

根据计算机处理对象的不同，可以将计算机分为数字计算机、模拟计算机和数字模拟混合计算机。数字计算机输入输出的都是离散的数字量；模拟计算机直接处理连续的模拟量，如电压、温度、速度等；数字模拟混合计算机输入输出的既可以是数字量也可以是模拟量。

根据计算机用途的不同，可以将计算机分为通用计算机和专用计算机。通用计算机能解决多种类型的问题，应用领域广泛；专用计算机用于解决某个特定方面的问题，如我们在火箭上使用的计算机就是专用计算机。

通用计算机按其综合性能可以分为巨型计算机、大型计算机、中型计算机、小型计算机和微型计算机、单片计算机以及工作站。

巨型计算机主要用于解决大型的、复杂的问题。巨型计算机已成为衡量一个国家经济实力和科技水平的重要标志。单片计算机则只由一块集成电路芯片构成，主要应用于家用电器等方面。综合性能介于巨型计算机和单片计算机之间的有大型计算机、中型计算机、小型计算机和微型计算机，它们的综合性能依次递减。

工作站既具有大、中、小型计算机的性能，又有微型计算机的良好的人机界面，且操作简便，最突出的特点是图形图像处理能力强。它在工程领域，特别是计算机辅助设计领域得到了广泛应用。

我们一般所说的计算机是指电子数字通用计算机。

四、计算机中的信息表示

（一）计算机内部是一个二进制数字世界

无论是什么类型的信息，在计算机内部都以二进制数的形式来表示，这些信息包括数字、文本、图形图像以及声音、视频等。

在二进制系统中只有两个数——0 和 1。

在计算机中，为什么使用二进制数，而不使用人们习惯的十进制数，原因如下：

①二进制数在物理上最容易实现。因为具有两种稳定状态的电子元器件是

很多的，如电压的"低"与"高"恰好表示"0"和"1"。假如采用十进制数，要制造具有 10 种稳定状态的电子元器件是非常困难的。

②二进制数运算简单。如采用十进制数，有 55 种求和与求积的运算规则，而二进制数仅有 3 种，因而简化了计算机的设计。

③二进制数的"0"和"1"正好与逻辑命题的两个值"否"和"是"或称"假"和"真"相对应，为计算机实现逻辑运算和逻辑判断提供了便利的条件。

尽管计算机内部均用二进制数来表示各种信息，但计算机与外部的交互仍采用人们熟悉和便于阅读的形式，其间的转换，是由计算机系统的软硬件来实现的。

（二）信息存储单位

信息存储单位常采用"位""字节""字"等几种量纲。

①位（bit），简记为 b，是计算机内部存储信息的最小单位。一个二进制位只能表示 0 或 1，要想表示更大的数，就得把更多的位组合起来。

②字节（Byte），简记为 B，是计算机内部存储信息的基本单位。一个字节由 8 个二进制位组成，即 1B=8b。

在计算机中，其他经常使用的信息存储单位还有：千字节 KB（Kilobyte）、兆字节 MB（Megabyte）、千兆字节 GB（Gigabyte）和太字节 TB（Terabyte），其中 1KB=1024B，1MB=1024KB，1GB=1024MB，1TB=1024GB。

③字（Word），一个字通常由一个字节或若干个字节组成，是计算机进行信息处理时一次存取、加工和传送的数据长度。字长是衡量计算机性能的一个重要指标，字长越长，计算机一次所能处理信息的实际位数就越多，运算精度就越高，最终表现为计算机的处理速度越快。常用的字长有 8 位、16 位、32位和 64 位等。

（三）非数字信息的表示

文本、图形图像、声音之类的信息，称为非数字信息。在计算机中用得最多的非数字信息是文本字符。由于计算机只能够处理二进制数，这就需要用二进制的"0"和"1"按照一定的规则对各种字符进行编码。

计算机内部按照一定的规则表示西文或中文字符的二进制编码称为机内码。

1. 西文字符的编码

字符的集合叫作"字符集"。西文字符集由字母、数字、标点符号和一些特殊符号组成。字符集中的每一个符号都有一个数字编码，即字符的二进制编码。目前计算机中使用最广泛的西文字符集是 ASCII 字符集，其编码称为 ASCII 码，它是美国标准信息交换码（American Standard Code for Information Interchange）的缩写，已被国际标准化组织（ISO）采纳，作为国际通用的信息交换标准代码，对应的国际标准是 ISO 646。

ASCII 码有 7 位 ASCII 码和 8 位 ASCII 码两种。

7 位 ASCII 码称为标准（基本）ASCII 码字符集，采用一个字节（8 位）表示一个字符，但实际只使用字节的低 7 位，字节的最高位为 0，所以可以表示 128 个字符。其中 95 个是可打印（显示）字符，包括数字 0 ~ 9，大小写英文字母以及各种标点符号等，剩下的 33 个字符，是不可打印（显示）的，它们是控制字符。

例如：数字 0 ~ 9 的 ASCII 码表示为二进制数 0110000 ~ 0111001（十进制数 48 ~ 57）；大写英文字母 A ~ Z 的 ASCII 码表示为二进制数 1000001 ~ 1011010（十进制数 65 ~ 90）；小写英文字母 a ~ z 的 ASCII 码表示为二进制数 1100001 ~ 1111010（十进制数 97 ~ 122）。同一个字母的 ASCII 码值小写字母比大写字母大 32。

8 位 ASCII 码称为扩展的 ASCII 码字符集。由于 7 位 ASCII 码只有 128 个字符，在很多应用中无法满足要求，为此国际标准化组织（ISO）又制定了 ISO 2002 标准，它规定了在保持与 ISO 646 兼容的前提下，将 ASCII 码字符扩充为 8 位编码的统一方法。

8 位 ASCII 码可以表示 256 个字符。

2. 中文字符的编码

汉字在计算机中也采用二进制编码表示。汉字的数量大、字形复杂、同音字多。目前我国汉字的总数超过 6 万个，常用的也有几千个之多，显然用一个字节（8 位）编码是不够的。

GB 2312—80 是我国于 1981 年实施的一个国家标准——《信息交换用汉字编码字符集 基本集》，其二进制编码称为国标码。国标码用两个字节表示一个汉字，并且规定每个字节只用低 7 位。GB 2312—80 国标字符集由 3 部分组成。第一部分为字母、数字和各种符号，共 682 个；第二部分为一级常用汉字，按汉语拼音排列，共 3755 个；第三部分为二级常用汉字，按偏旁部首排列，共 3008 个。总的汉字数为 6763 个。

GB 2312—80 国标字符集由一个 94 行和 94 列的表格构成，表格的行数和列数从 0 开始编号，其中的行号称为区号，列号称为位号。每一个汉字或字母、数字和各种符号都有一个唯一的区号和位号，将区号和位号放在一起，就构成了区位码。例如，"文"字的区号是 46，位号是 36，所以它的区位码是 4636。

GB 2312—80 国标字符集的汉字有限，一些汉字无法表示。随着计算机应用的普及，这个问题日渐突出。我国对 GB 2312—80 国标字符集进行了扩充，形成了 GB 18030—2005 国家标准。GB 18030—2005 完全包含了 GB 2312—80，共有汉字 70244 个。

3. Unicode 编码

随着互联网的迅速发展，进行信息交换的需求越来越大，不同的编码越来越成为信息交换的障碍，于是 Unicode 编码应运而生。Unicode 编码是由国际标准化组织（ISO）于 20 世纪 90 年代初制定的一种字符编码标准，它用两个字节表示一个字符，因此允许表示 65536 个字符，世界上几乎所有的书面语言都能用单一的 Unicode 编码表示。

前 128 个 Unicode 字符是标准 ASCII 字符，接下来的是 128 个扩展的 ASCII 字符，其余的字符供不同的语言使用。在 Unicode 中，ASCII 字符也用两个字节表示，这样，ASCII 字符与其他字符的处理就统一起来了，大大简化了处理的过程。

（四）信息的内部表示和外部显示

数字、文本、图形图像、声音等各种各样的信息都可以在计算机内存储和处理，而计算机内表示它们的方法只有一个，就是采用二进制编码。不同的信息需要不同的编码方案，如上面介绍的西文字符和中文字符的编码。图形图像、声音之类的信息编码和处理比字符信息要复杂得多。

计算机的外部信息需要经过某种转换变为二进制信息后，才能被计算机接收；同样，计算机的内部信息也必须经过转换后才能恢复信息的"本来面目"。这种转换通常是由计算机自动实现的。

五、计算机系统

随着计算机功能的不断增强，应用范围不断扩展，计算机系统也越来越复杂，但其基本组成和工作原理还是大致相同的。一个完整的计算机系统由硬件系统和软件系统组成。

（一）计算机基本工作原理

世界上第一台电子数字计算机 ENIAC 诞生后，冯·诺依曼提出了新的设计思想，主要有两点：一是计算机应该以二进制为运算基础，二是计算机应该采用"存储程序和程序控制"方式工作。并且进一步明确指出整个计算机的结构应该由五个部分——运算器、控制器、存储器和输入设备、输出设备组成。冯·诺依曼的这一设计思想解决了计算机的运算自动化的问题和速度匹配问题，对后来计算机的发展起到了决定性的作用，标志着计算机时代的真正开始。

程序就是完成既定任务的一组指令序列，每一条指令都规定了计算机所要执行的一种基本操作，计算机按照程序规定的流程依次执行一条条的指令，最终完成程序所要实现的目标。

计算机利用存储器来存放所要执行的程序，中央处理器（Central Processing Unit，CPU）依次从存储器中取出程序中的每一条指令，并加以分析和执行，直至完成全部指令任务为止。这就是计算机的"存储程序和程序控制"工作原理。

计算机不但能够按照指令的存储顺序依次读取并执行指令，而且还能根据指令执行的结果进行程序的灵活转移，这就使得计算机具有了类似于人的大脑的判断思维能力，再加上它的高速运算的特征，才真正成为人类脑力劳动的有力助手。

（二）计算机硬件系统

计算机硬件是计算机系统中所有物理装置的总称。目前，计算机硬件系统由五个基本部分组成，它们是控制器、运算器、存储器、输入设备和输出设备。控制器和运算器构成了计算机硬件系统的核心—— CPU。存储器可分为内部存储器和外部存储器，简称为内存和外存。

1. 控制器

计算机硬件系统的各个组成部分能够有条不紊地协调工作，都是在控制器的控制下完成的。在程序运行过程中，控制器取出存放在存储器中的指令和数据，按照指令的要求发出控制信息，驱动计算机工作。

2. 运算器

运算器在控制器的指挥下，对信息进行处理，包括算术运算和逻辑运算。运算器内部有算术逻辑部件（Arithmetic Logic Unit，ALU）和存放运算数据和运算结果的寄存器。

3.存储器

存储器的主要功能是存放程序和数据。通常把控制器、运算器和内存储器称为主机。存储器中有许多存储单元，一个存储单元由数个二进制位组成，每个二进制位可存放一个 0 或 1。通常一个存储单元由 8 个二进制位组成，为一个字节。所有的存储单元都按顺序编号，这些编号称为地址。

向存储单元送入信息的操作称为"写"操作，从存储单元获取信息的操作称为"读"操作。

存储器中所有存储单元的总和称为这个存储器的存储容量。存储容量的单位包括千字节（KB）、兆字节（MB）、千兆字节（GB）和太字节（TB）等。

（1）内存

内存又叫作主存储器（简称主存），由大规模或超大规模集成电路芯片构成。内存分为随机存取存储器（Random Access Memory，RAM）和只读存储器（Read Only Memory，ROM）两种。RAM 用来存放正在运行的程序和数据，一旦关闭计算机（断电），RAM 中的信息就丢失了。ROM 中的信息一般只能读出而不能写入，断电后，ROM 中的原有信息保持不变，在计算机重新开机后，ROM 中的信息仍可被读出。因此，ROM 常用来存放一些计算机硬件工作所需要的固定的程序或信息。

（2）外存

外存又称为"辅助存储器"，用来存放大量的需要长期保存的程序和数据。计算机若要运行存储在外存中的某个程序时必须将它从外存读到内存中才能运行。外存按存储材料的不同可以分为磁存储器和光存储器。

磁存储器中较常用的有硬盘，其工作原理是将信息记录在涂有磁性材料的金属或塑料圆盘上，依靠磁头存取信息。硬盘由接口电路板、硬盘驱动器和硬盘片组成。硬盘驱动器和硬盘片被密封在一个金属壳中，并固定在接口电路板上。

硬盘的性能指标主要体现在容量、转速、缓冲区、数据传输速率和接口类型上。硬盘转速越快、缓冲区越大、数据传输速率越高，硬盘存取性能越好。

光存储器由光盘驱动器和光盘片组成。光存储器的存取速度要慢于硬盘。

CD（Compact Disk）意思是高密度盘，即光盘。光存储器通过光学方式读取光盘上的信息或将信息写入光盘，它利用了激光可聚集成能量高度集中的极细光束这一特点，来实现高密度信息的存储。CD 光盘的容量一般在 650MB 左右。一次写入型光盘（CD-R），这种光盘可以分一次或几次对它写入信息，已写入的信息不能擦除或修改，只能读取。可擦写型光盘（CD-RW），这种光盘既可以写入信息，也可以擦除或修改信息。

DVD（Digital Versatile Disk）意思是数字多用途光盘。DVD 和 CD 同属于光存储器，它们的大小尺寸相同，但它们的结构是完全不同的。DVD 提高了信息储存密度，扩大了存储空间。DVD 光盘的容量一般在 4.7GB 左右。

CD 和 DVD 通过光盘驱动器读取或写入数据。

光盘驱动器的主要性能指标有数据传输速率、缓冲区和接口类型。数据传输速率越高、缓冲区越大，光盘驱动器存取性能越好。数据传输速率指的是光盘驱动器每秒钟能够读取多少千字节（KB）的数据量，以每秒 150KB 为基准。通常所说的 40×（倍速）的光盘驱动器，表示光盘驱动器的数据传输速率为 40×150KB=6MB。

4. 输入设备

输入设备用于向计算机输入信息。一些常用的输入设备如下：

（1）键盘

键盘（Keyboard）是计算机最常用也是最主要的输入设备。键盘有机械式和电容式、有线和无线之分。用于计算机的键盘有多种规格，目前普遍使用的是 104 键的键盘。

（2）鼠标

鼠标（Mouse）是一种指点设备，它将频繁的击键动作转换成为简单的移动、点击。鼠标彻底改变了人们在计算机上的工作方式，从而成为计算机必备的输入设备。鼠标有机械式和光电式、有线和无线之分；根据按键数目的不同，又可分为单键、两键、三键以及滚轮鼠标。

（3）笔输入设备

笔输入设备兼有鼠标、键盘和书写笔的功能。笔输入设备一般有两部分组成：一部分是与主机相连的基板；另一部分是在基板上写字的笔。用户通过笔与基板的交互，完成写字、绘图、操控鼠标等操作。基板在单位长度上所分布的感应点数越多，对笔的反应就越灵敏。压感是指基板可以感应到笔在基板上书写的力度，压感级数越高越好。基板感应笔的方式有电磁式感应和电容式感应等。

（4）扫描仪

扫描仪（Scanner）是常用的图像输入设备，它可以把图片和文字材料快速地输入计算机。扫描仪通过将光源照射到被扫描材料上来获得材料的图像，被扫描材料将光线反射到扫描仪的光电元器件上，由于被扫描材料不同的位置反射的光线强弱不同，光电元器件将光线转换成数字信号，并存入计算机的文件中，然后就可以用相关的软件进行显示和处理了。

（5）数码相机

数码相机（Digital Camera，DC）是集光学、机械、电子为一体的产品。与传统相机相比，数码相机的"胶卷"是光电器件，当光电器件表面受到光线照射时，能把光线转换成数字信号，所有光电元器件产生的信号加在一起，就构成了一幅完整的画面。数字信号经过压缩后存放在数码相机内部的"闪存"（Flash Memory）存储器中。

数码相机的优点是显而易见的，它可以即时看到拍摄的效果，可以把拍摄的照片传输给计算机，并借助计算机软件进行显示和处理。

5. 输出设备

输出设备的功能是用来输出计算机的处理结果的。一些常用的输出设备如下：

（1）显示器

显示器是计算机最常用也是最主要的输出设备。计算机的显示系统包括显示器和显示卡，它们是独立的产品。目前计算机使用的显示器主要有两类：CRT 显示器和液晶显示器。

阴极射线管（Cathode Ray Tube，CRT）显示器工作时，电子枪发出电子束轰击屏幕上的某一点，使该点发光，每个点由红、绿、蓝三基色组成，通过对三基色强度的控制就能合成各种不同的颜色。电子束从左到右，从上到下，逐点轰击，就可以在屏幕上形成图像。

液晶显示器（Liquid Crystal Display，LCD）的工作原理是利用液晶材料的物理特性，当通电时，液晶中分子排列有秩序，使光线容易通过；不通电时，液晶中分子排列混乱，阻止光线通过。这样让液晶中分子如闸门般地阻隔或让光线穿透，就能在屏幕上显示出图像来。液晶显示器有几个非常显著的特点：超薄、完全平面、没有电磁辐射、能耗低、符合环保概念。

显示器主要有三个性能指标：点距、刷新率和分辨率。点距的单位为毫米（mm），点距越小，显示效果就越好，一般来说 0.28mm 的点距已经可以满足显示要求了。刷新率通常以赫兹（Hz）表示，刷新率足够高时，人眼就能看到持续、稳定的画面，否则就会感觉到明显的闪烁和抖动，闪烁情况越明显，眼睛就越疲劳，一般要求刷新率在 60Hz 以上。分辨率是指显示器能够显示的像素（点）个数，分辨率越高，画面越清晰。例如，分辨率为 1024×768，表示显示器水平方向显示 1024 个点，垂直方向显示 768 个点。

计算机通过显示卡与显示器进行交互。显示卡使用的图形处理芯片基本决定了该显示卡的性能和档次。显示卡上的显示存储器也是显示卡的关键部件，它的品质、速度、容量关系到显示卡的最终性能表现。

（2）打印机

目前可以将打印机分为三类：针式打印机、喷墨打印机和激光打印机。针式打印机利用打印头内的钢针撞击打印色带，在打印纸上产生打印效果。针式打印机打印头上的钢针数为 24 针的，称为 24 针打印机。喷墨打印机的打印头由几百个细小的喷墨口组成，当打印头横向移动时，喷墨口可以按一定的方式喷射出墨水，打印到打印纸上。激光打印机是激光技术和电子照相技术相结合的产物，它类似复印机，使用墨粉，但光源不是灯光，而是激光。激光打印机具有最高的打印质量和最快的打印速度。

喷墨打印机和激光打印机属于非击打式打印机。

（3）绘图仪

绘图仪在绘图软件的支持下可以绘制出复杂、精确的图形。常用的绘图仪有平板型和滚筒型两种类型。平板型绘图仪的绘图纸平铺在绘图板上，通过绘图笔架的运动来绘制图形；滚筒型绘图仪依靠绘图笔架的左右移动和滚筒带动绘图纸前后滚动绘制图形。绘图仪是计算机辅助设计不可缺少的工具。

其他的输入设备和输出设备有网卡、数码摄像头、声卡和音箱等。网卡的作用是让计算机能够"上网"。数码摄像头使我们通过计算机网络实现远程的面对面交流，如视频会议、视频聊天、网络可视电话等。通过声卡，计算机可以输入、处理和输出声音。声卡主要分为 8 位和 16 位两大类。多数 8 位声卡只有一个声音通道（单声道）；16 位声卡采用了双声道技术，具有立体声效果。音箱接到声卡上的 Line Out 插口，音箱将声卡传播过来的电信号转换成机械信号的振动，再形成人耳可听到的声波。音箱内有磁铁，磁性很高，最好使用防磁音箱以避免干扰 CRT 显示器。

6. 外部接口

计算机与输入输出设备及其他计算机的连接是通过外部接口实现的。

（1）串行口

串行口又称 COM 口或 RS-232 口，一次只能传送一位数据，通常用于连接调制解调器（Modem）以及计算机之间的通信。调制解调器通过连接电话线，进行拨号上网。

（2）并行口

并行口又称打印机口（LPT），主要用于连接打印机、扫描仪等设备，一次可以传送一个字节的信息。

（3）PS/2 口

PS/2 口用于连接键盘和鼠标。一般鼠标接在绿色的 PS/2 口，键盘接在紫色的 PS/2 口。

（4）USB 口

通用串行总线（Universal Serial Bus，USB）口是一种新型的外部设备接口标准，它的数据传输速度：USB1.1 可达 12M 位 / 秒，USB2.0 可达 480M 位 / 秒。USB 口支持在不切断电源的情况下自由插拔以及即插即用（Plug-and-Play，简称 PnP）。目前，计算机和外部设备都逐渐采用 USB 口，而且计算机上的 USB 口一般有多个。USB 口可以用来连接键盘、鼠标、打印机、扫描仪、优盘等。

（5）IEEE 1394 口

IEEE 1394 口是由美国苹果（Apple）公司和德州仪器（Texas Instruments）公司开发的高速串行总线接口标准，Apple 公司称之为火线（FireWire），索尼（Sony）公司称之为 i.Link，德州仪器公司称之为 Lynx。IEEE 1394 口支持在不切断电源的情况下自由插拔以及即插即用，它的数据传输速度从 400M 位 / 秒到 1G 位 / 秒。IEEE 1394 口主要用于连接数码摄像机。

（6）其他常用接口

网络接口（RJ-45 口）可以让计算机直接连入网络中。视频接口（Video 口）用于连接显示器或投影机。电话接口（RJ-11 口）可以连接电话线，进行拨号上网。

输入设备和输出设备以及外存属于计算机的外部设备。

在计算机中，各个基本组成部分之间是用总线（Bus）相连接的。总线是计算机内部传输各种信息的通道。总线中传输的信息有三种类型：地址信息、数据信息和控制信息。

（三）计算机软件系统

计算机软件是计算机系统重要的组成部分，如果把计算机硬件看成计算机的"躯体"，那么计算机软件就是计算机系统的"灵魂"。没有任何软件支持的计算机称为"裸机"，只是一些物理设备的堆积，几乎是不能工作的。只有配备了一定的软件，计算机才能发挥其作用。

实际呈现在用户面前的计算机系统是经过若干层软件改造的计算机，而其功能的强弱也与所配备的软件的丰富程度有关。

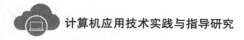

1. 计算机软件的概念

计算机软件是计算机系统中与硬件相互依存的另一部分，是程序、数据及其相关文档的完整集合。

程序是完成既定任务的一组指令序列。在程序正常运行过程中，需要输入一些必要的数据。文档是与程序开发、维护和使用有关的图文材料。程序和数据必须装入计算机内部才能工作。文档一般是给人看的，不一定装入计算机。

软件（Software）一词源于程序，到了 20 世纪 60 年代初期，人们逐渐认识到和程序有关的数据、文档的重要性，从而出现了软件一词。

2. 计算机软件的分类

计算机软件一般可以分为系统软件和应用软件两大类。

（1）系统软件

系统软件居于计算机系统最靠近硬件的一层，其他软件都通过系统软件发挥作用。系统软件与具体的应用领域无关。

系统软件通常负责管理、控制和维护计算机的各种软硬件资源，并为用户提供一个友好的操作界面，以及服务于应用软件的资源环境。

系统软件主要包括操作系统、程序设计语言及其开发环境、数据库管理系统等。

（2）应用软件

应用软件是指为解决某一领域的具体问题而开发的软件产品。随着计算机应用领域的不断拓展和广泛普及，应用软件的作用越来越大。

微软（Microsoft）公司的 Office 是目前应用最广泛的办公自动化软件，主要包括字处理软件 Word、电子表格软件 Excel、演示文稿软件 PowerPoint、数据库管理软件 Access 以及网页制作软件 FrontPage 等。

奥多比（Adobe）公司的 Photoshop 是图形图像处理领域最著名的软件。Photoshop 提供的强大功能足以让创作者充分表达设计创意，进行艺术创作。

Flash MX 是 Macromedia 公司（2005 年被奥多比公司收购）出品的动画创作软件，主要应用于网页和多媒体制作。

3. 计算机软件的发展

计算机软件的发展受到计算机应用和计算机硬件的推动和制约，同时，计算机软件的发展也推动了计算机应用和计算机硬件的发展。计算机软件的发展过程大致可分为三个阶段：

①从第一台计算机上的第一个程序出现开始到高级程序设计语言出现之前

为第一阶段（1946—1955 年）。当时计算机的应用领域较窄，主要用于科学计算。编写程序主要采用机器语言和汇编语言。人们对和程序有关的文档的重要性认识不足，重点考虑程序本身，尚未出现软件一词。

②从高级程序设计语言出现以后到软件工程出现之前为第二阶段（1956—1967 年）。随着计算机应用领域的逐步扩大，除了科学计算外，出现了大量的非数值数据处理问题。为了提高程序开发人员的效率，出现了高级程序设计语言，并产生了操作系统和数据库管理系统。在 20 世纪 50 年代后期，人们逐渐认识到和程序有关的文档的重要性。到了 20 世纪 60 年代初期，出现"软件"一词。这时，软件的复杂程度迅速提高，研制时间变长，正确性难以保证，可靠性问题突出，出现了"软件危机"。

③软件工程出现以后至今为第三阶段（1968 年以后）。为了对付"软件危机"，在 1968 年的北大西洋公约组织（NATO）召开的学术会议上提出了"软件工程"概念。软件工程就是建立并使用完善的工程化原则，以较经济的手段获得能在实际机器上有效运行的可靠软件的一系列方法。除了传统的软件技术继续发展外，人们着重研究以智能化、自动化、集成化、并行化和自然化为标志的软件新技术。

4. 操作系统

操作系统（Operating System，OS）是计算机系统中最重要的系统软件。操作系统能对计算机系统中的软件和硬件资源进行有效的管理和控制，合理地组织计算机的工作流程，为用户提供一个使用计算机的工作环境，起到用户和计算机之间的接口作用。

只有在操作系统的支持下，计算机系统才能正常运行，如果操作系统遭到破坏，计算机系统就无法正常工作。

操作系统的主要功能如下：

（1）任务管理

任务管理主要是对中央处理器的资源进行分配，并对其运行进行有效的控制和管理。

（2）存储管理

存储管理的主要任务是有效管理计算机系统中的存储器，为程序运行提供良好的环境，按照一定的策略将存储器分配给用户使用，并及时回收用户不使用的存储器，提高存储器的利用率。

（3）设备管理

设备管理就是按照一定的策略分配和管理输入输出设备，以保证输入输出设备高效地、有条不紊地工作。设备管理提供了良好的操作界面，使用户在不涉及输入输出设备内部特性的前提下，灵活地使用这些设备。

（4）文件管理

文件是相关信息的集合。每个文件必须有一个名字，通过文件名，可以找到对应的文件。计算机中的信息以文件的形式存放在存储器中。文件管理的任务就是支持文件的存储、查找、删除和修改等操作，并保证文件的安全性，方便用户使用信息。

（5）作业管理

作业是指要求计算机完成的某项任务。作业管理包括作业调度和作业控制，目的是为用户使用计算机系统提供良好的操作环境，让用户有效地组织工作流程。

Microsoft 公司的 Windows 操作系统是目前应用最广泛的操作系统。

5. 程序设计语言

人们使用计算机，可以通过某种程序设计语言与计算机"交谈"，用某种程序设计语言描述所要完成的工作。

程序设计语言包括机器语言、汇编语言和高级语言。

（1）机器语言

机器语言是计算机诞生和发展初期使用的语言，采用二进制编码形式，是计算机唯一可以直接识别、直接运行的语言。机器语言的执行效率高，但不易记忆和理解，编写的程序难以修改和维护，所以现在很少直接用机器语言编写程序。

（2）汇编语言

为了减轻编写程序的负担，20 世纪 50 年代初发明了汇编语言。汇编语言和机器语言基本上是一一对应的，但在表示方法上做了根本性的改进，引入了助记符。例如，用 ADD 表示加法，用 MOV 表示传送等。汇编语言比机器语言更加直观，容易记忆，提高了编写程序的效率。计算机不能够直接识别和运行用汇编语言编写的程序，必须通过一个翻译程序将汇编语言转换为机器语言后方可执行。汇编语言和机器语言一般被称为低级语言。

（3）高级语言

高级语言诞生于 20 世纪 50 年代中期。高级语言与人们日常熟悉的自然语言和数学语言更接近，便于学习、使用、阅读和理解。高级语言的发明，大大提高了编写程序的效率，促进了计算机的广泛应用和普及。计算机不能够直接识别和运行用高级语言编写的程序，必须通过一个翻译程序将高级语言转换为机器语言后方可执行。常用的高级语言有 C、C++、Java 和 BASIC 等。

程序设计语言的发展过程是其功能不断完善、描述问题的方法越来越贴近人类思维方式的过程。

6. 语言处理程序

计算机只能执行机器语言程序，用汇编语言或高级语言编写的程序都不能直接在计算机上执行。因此计算机必须配备一种工具，它的任务是把用汇编语言或高级语言编写的程序翻译成计算机可直接执行的机器语言程序，这种工具就是"语言处理程序"。语言处理程序包括汇编程序、解释程序和编译程序。

（1）汇编程序

汇编程序将用汇编语言编写的程序翻译成计算机可直接执行的机器语言程序。

（2）解释程序

解释程序对高级语言编写的程序逐条进行翻译并执行，最后得出结果。也就是说，解释程序对高级语言编写的程序是一边翻译，一边执行的。

（3）编译程序

编译程序将用高级语言编写的程序翻译成计算机可直接执行的机器语言程序。

7. 数据库管理系统

在当今的信息时代，人们的生活越来越多地依赖信息的存取和使用，数据库系统正日益广泛地应用到人们的生活中。例如，当我们通过 ATM 自动取款机取钱时，其实已经访问了银行的账户数据库系统。数据库系统一般由计算机系统、数据库、数据库管理系统和相关人员组成。

①计算机系统提供了数据库系统运行必需的计算机软硬件资源。

②数据库是存储在计算机内的、有组织的、可共享的、互相关联的数据集合。

③数据库管理系统（Data Base Management System，DBMS）是数据库系统的核心，由一组用以管理、维护和访问数据的程序构成。它提供了一个可以方便、有效地存取数据库信息的环境。目前，常用的数据库管理系统有 Access、SQL Server 和 Oracle 等。

④用户通过数据库管理系统使用数据库。

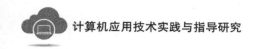

第二节　计算机应用与信息社会的关系

一、计算机的主要应用领域

自 1946 年第一台电子数字计算机诞生以来，人们一直在探索计算机的应用模式，尝试着利用计算机去解决各领域中的问题。

归纳起来，计算机的应用主要有以下几方面：

①科学计算，也称数值计算，是指用计算机来解决科学研究和工程技术中所提出的复杂的数学问题。

②信息处理，也称数据处理或事务处理。人们利用计算机进行信息的收集、存储、加工、分类、检索、传输和发布，最终目的是将信息资源作为管理和决策的依据。办公自动化（Office Automation，OA）就是计算机信息处理的典型应用。目前，计算机在信息处理方面的应用已占所有应用的 80% 左右。

③自动控制。自动控制是指利用计算机对动态的过程进行控制、指挥和协调。用于自动控制的计算机要求可靠性高、响应及时。计算机先将模拟量如电压、温度、速度、压力等转换成数字量，然后进行处理，计算机处理后输出的数字量再经过转换，变成模拟量去控制对象。

④计算机辅助系统。计算机辅助系统有计算机辅助设计（Computer Aided Design，CAD）、计算机辅助制造（Computer Aided Manufacturing，CAM）、计算机辅助测试（Computer Aided Test，CAT）、计算机集成制造系统（Computer Integrated Manufacturing System，CIMS）和计算机辅助教学（Computer Aided Instruction，CAI）等。

计算机辅助设计是指利用计算机来帮助设计人员进行产品设计。

计算机辅助制造是指利用计算机进行生产设备的管理、控制和操作。

计算机辅助测试是指利用计算机进行自动化的测试工作。

计算机集成制造系统是指借助计算机软硬件，综合运用现代管理技术、制造技术、信息技术、自动化技术、系统工程技术，将企业生产全过程中有关的人和组织、技术、经营管理三要素与其信息流、物流有机地集成并优化运行，实现企业整体优化，从而使企业赢得市场竞争。

计算机辅助教学是将计算机所具有的功能用于教学的一种教学形态。在教学活动中，利用计算机的交互性传递教学过程中的教学信息，达到教育目的，完成教学任务。计算机直接介入教学过程，并承担教学中某些环节的任务，从而达到提高教学效果，减轻师生负担的目的。

⑤人工智能。人工智能（Artificial Intelligence，AI）是指利用计算机来模仿人类的智力活动。

二、计算机与社会信息化

（一）信息化

物质、能源和信息是现代社会发展的三大基本要素。物质可以被加工成材料，能源可以被转化为动力，信息则可以被提炼为知识和智慧。

信息化是社会生产力发展的必然趋势。信息化是指在信息技术的驱动下，由以传统工业为主的社会向以信息产业为主的社会演进的过程，是培育、发展以计算机为主的智能化工具为代表的新生产力，并使之造福于社会的历史过程。

智能化工具又称信息化的生产工具，它一般必须具备信息获取、信息传递、信息处理、信息再生、信息利用的功能。与智能化工具相适应的生产力，称为信息化生产力。智能化生产工具与过去生产力中的生产工具不一样的是，它不是一件孤立分散的东西，而是一个具有庞大规模的、自上而下的、有组织的信息网络体系。这种网络性生产工具将改变人们的生产方式、工作方式、学习方式、交往方式、生活方式、思维方式等，将使人类社会发生极其深刻的变化。

信息化生产力是迄今人类最先进的生产力，它要求有先进的生产关系和上层建筑与之相适应，一切不适应该生产力的生产关系和上层建筑将随之改变。

信息化，包括信息资源，信息网络，信息技术，信息产业，信息化人才，信息化政策、法规和标准等六大要素。

①信息资源，是国民经济和社会发展的战略资源，它的开发和利用是信息化体系的核心内容，是信息化建设取得实效的关键。

②信息网络，是信息资源开发利用和信息技术应用的基础，是信息传输、交换和资源共享的必要手段。

③信息技术，是研究开发信息的获取、传输、存储、处理和应用的工程技术，是在计算机、通信、微电子技术基础上发展起来的现代高新技术。信息技术是信息化的技术支柱，是信息化的驱动力。

④信息产业，是指信息设备制造业和信息服务业。信息设备制造业包括计算机系统、通信设备、集成电路等制造业。信息服务业是从事信息资源开发和

利用的行业。信息产业是信息化的产业基础，是衡量一个国家信息化程度和综合国力的重要尺度。

⑤信息化人才，是指建立一支结构合理、高素质的研究、开发、生产、应用队伍，以适应信息化建设的需要。

⑥信息化政策、法规和标准，是指建立一个促进信息化建设的政策、法规环境和标准体系，规范和协调各要素之间的关系，以保证信息化的快速、有序、健康发展。

信息社会是信息化的必然结果。

（二）信息社会

信息社会也称为信息化社会，一般是指这样一种社会：信息产业高度发达且在产业结构中占据优势，信息技术高度发展且在社会经济发展中广泛应用，信息资源充分开发利用且成为经济增长的基本资源。

从传统的农业社会到现代工业社会，是人类社会发展历史上的一个非常重要的变革。工业社会相对于农业社会，极大地扩展了人类的生存空间，而信息社会相对于工业社会，则通过新的传播工具和方式，特别是通过新的传播理念，极大地扩展了人类的思维空间，构成了人类发展的新的平台。

（三）信息素养

在飞速发展的信息时代，信息日益成为社会各领域中最活跃、最具有决定意义的因素。基本的学习能力实际上体现为对信息资源的获取、加工、处理以及信息工具的掌握和使用等，其中还涉及信息伦理、信息意识等。开展信息教育、培养学习者的信息意识和信息能力成为当前教育改革的必然趋势。

在这样一个背景下，信息素养（Information Literacy）正在引起世界各国越来越广泛的重视，并逐渐加入从小学到大学的教育目标与评价体系之中，成为评价人才综合素质的一项重要指标。

信息素养这一概念是在1974年由时任美国信息产业协会主席的保罗·泽考斯基（Paul Zurkowski）在美国提出的。完整的信息素养应包括三个层面：文化素养（知识层面）、信息意识（意识层面）、信息技能（技术层面）。

在美国，信息素养概念是从图书检索技能演变而来的。美国将图书检索技能和计算机技能集合成一种综合的能力、素质，即信息素养。1989年美国图书馆协会下属的"信息素养总统委员会"正式给信息素养下的定义为"要成为一个有信息素养的人，他必须能够确定何时需要信息，并已具有检索、评价和有效使用所需信息的能力"。

1998 年美国图书馆协会和美国教育传播与技术协会制定了学生学习的九大信息素养标准：能够有效地和高效地获取信息；能够熟练地、批判性地评价信息；能够精确地、创造性地使用信息；能够探求与个人兴趣有关的信息；能够欣赏作品和其他对信息进行创造性表达的内容；能够力争在信息查询和知识创新中做得最好；能够认识信息对民主化社会的重要性；能够履行与信息和信息技术相关的符合伦理道德的行为规范；能够通过积极参与活动来探求和创建信息。

信息素养不仅仅是诸如信息的获取、检索、表达、交流等技能，而且包括以独立学习的态度和方法，将已获得的信息用于信息问题解决、进行创新性思维的综合的信息能力。

信息素养的教育注重知识的更新，而知识的更新是通过对信息的加工得以实现的。因此，把纷杂无序的信息转化成有序的知识，是教育要适应现代化社会发展需求的当务之急，是培养信息素养首要解决的问题，即文化素养与信息意识的关系问题。

三、计算机使用中的道德问题

（一）计算机犯罪

利用计算机犯罪始于 20 世纪 60 年代末，20 世纪 70 年代迅速增长，20 世纪 80 年代形成威胁，成为社会关注的热点。计算机犯罪是指利用计算机作为犯罪工具进行的犯罪活动。例如，利用计算机网络窃取国家机密、盗取他人信用卡密码、传播复制色情内容等。计算机犯罪包括针对系统的犯罪和针对系统处理的数据的犯罪两种。前者是对计算机硬件和系统软件组成的系统进行破坏的行为，后者是对计算机系统处理和储存的信息进行的破坏。

计算机犯罪有不同于其他犯罪的特点：

一是犯罪人员知识水平较高。有些犯罪人员单就专业知识水平来讲可以称得上专家，因而被称为"白领犯罪""高科技犯罪"。

二是犯罪手段较隐蔽、犯罪区域广、犯罪机会多。不同于其他犯罪，计算机犯罪者可能通过网络在千里之外而不是在现场实施犯罪。凡是有计算机的地方都有可能发生计算机犯罪。

三是内部人员和青少年犯罪日趋严重。内部人员由于熟悉业务情况、计算机技术娴熟和合法身份等，具有许多便利条件掩护犯罪。青少年由于思维敏捷、法律意识淡薄又缺少社会阅历而犯罪。

（二）计算机病毒

"计算机病毒"最早是由美国计算机病毒研究专家 F. 科恩（F.Cohen）博士提出的。"计算机病毒"有很多种定义，国外最流行的定义："计算机病毒是一段附着在其他程序上的可以实现自我繁殖的程序代码。"在《中华人民共和国计算机信息系统安全保护条例》中的定义："计算机病毒是指编制或者在计算机程序中插入的破坏计算机功能或者数据，影响计算机使用并且能够自我复制的一组计算机指令或者程序代码。"

1. 破坏性

计算机病毒的最根本的目的是干扰和破坏计算机系统的正常运行，侵占计算机系统资源，使计算机运行速度减慢，直至死机，毁坏系统文件和用户文件，使计算机无法启动，并可造成网络的瘫痪。

2. 传染性

如同生物病毒一样，传染性是计算机病毒的重要特征。传染性也称自我复制能力，是判断是不是计算机病毒的最重要的依据。计算机病毒传播的速度很快，范围也极广。一台感染了计算机病毒的计算机，本身既是一个受害者，又是病毒的传播者。它通过各种可能的渠道，如磁盘、光盘等存储介质以及网络进行传播。

3. 潜伏性

计算机病毒总是寄生潜伏在其他合法的程序和文件中，因而不容易被发现，这样才能达到其非法进入系统、进行破坏的目的。

4. 触发性

计算机病毒的发作要有一定的条件，只要满足了这些特定的条件，病毒就会立即触发激活，开始破坏性的活动。

5. 不可预见性

不同种类的计算机病毒的代码千差万别，病毒的制作技术也在不断提高。同反病毒软件相比，病毒永远是超前的。新的操作系统和应用系统的出现，软件技术的不断发展，也为计算机病毒提供了新的发展空间，因此，对未来病毒的预测将更加困难。

（三）软件知识产权保护

在计算机发展过程中存在的一大社会问题是计算机软件产品的盗版问题。

计算机软件的开发工作量很大，特别是一些大型的软件，往往开发时要用数百甚至上千人，花费数年时间，而且软件开发是高技术含量的复杂劳动，其成本非常高。由于计算机软件产品的易复制性，给盗版者带来了可乘之机。如果不严格执行知识产权保护，制止未经许可的商业化盗用，任凭盗版软件横行，软件公司将无法维持生存，也不会有人愿意开发软件，软件产业也不会有大的发展。

由此可见，计算机软件知识产权保护是一个必须重视和解决的社会问题。解决计算机软件知识产权保护的根本措施是制定和完善软件知识产权保护的法律法规，并严格执法；同时，要加大宣传力度，树立人人尊重知识、尊重软件知识产权的社会风尚。

（四）计算机职业道德

随着计算机在应用领域的深入和计算机网络的普及，今天的计算机已经超出了作为某种特殊机器的功能，给人们带来了一种新的文化、新的工作与生活方式。在计算机给人们带来极大便利的同时，也不可避免地造成了一些社会问题，同时也对我们提出了一些新的道德规范要求。

计算机职业道德是在计算机行业及其应用领域所形成的社会意识形态和伦理关系下，调整人与人之间、人与知识产权之间、人与计算机之间以及人与社会之间关系的行为规范总和。

美国计算机伦理协会提出了以下计算机职业道德规范，称为"计算机伦理十戒"：

①不应该用计算机去伤害他人。

②不应该影响他人的计算机工作。

③不应该到他人的计算机里去窥探。

④不应该用计算机去偷窃。

⑤不应该用计算机去做伪证。

⑥不应该复制或利用没有购买的软件。

⑦不应该在未经他人许可的情况下使用他人的计算机资源。

⑧不应该剽窃他人的精神作品。

⑨应该注意你正在编写的程序和你正在设计的系统的社会效应。

⑩应该始终注意，你使用计算机是在进一步加强你对同胞的理解和尊重。

计算机职业道德规范中的一个重要的方面是网络道德。网络在计算机系统中起着举足轻重的作用。大多数"黑客"往往开始时是出于好奇和神秘，违背了职业道德侵入他人的计算机系统，从而逐步走向计算机犯罪的。网络道德以

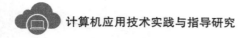

"慎独"为主要特征，强调道德自律。"慎独"意味着人独处时，在没有任何外在的监督和控制下，也能遵从道德规范，恪守道德准则。

第三节　计算机病毒及其防治

计算机病毒是不怀好意的人编写的一种特殊的计算机程序，直接威胁着计算机信息的安全。了解计算机病毒及其防治知识，有着重要的现实意义。下面重点介绍计算机病毒的特征、分类、诊断及预防。

一、计算机病毒的特征

计算机病毒一般具有寄生性、破坏性、传染性、潜伏性和隐蔽性等特征。

（一）寄生性

计算机病毒一般不以独立的文件形式存在，而是寄生在其他可执行程序当中，享有被寄生程序所得到的一切权限。

（二）破坏性

计算机病毒一般具有破坏性，可能破坏整个系统，也可能删除或修改数据，甚至格式化整个磁盘。

（三）传染性

传染性是计算机病毒的基本特征。计算机病毒往往能够主动将自身的复制品或变种传染到其他未被感染的程序当中。

（四）潜伏性

潜伏性是指计算机病毒寄生在别的程序中，一旦条件（如时间、用户操作）满足就开始发作。

（五）隐蔽性

隐蔽性是指染毒的计算机看上去一切如常，不容易被发觉。

二、计算机病毒分类

计算机病毒的分类方法很多，按感染方式可分为引导型、文件型、混合型、宏病毒、Internet 病毒（网络病毒）等五类。

（一）引导型病毒

计算机启动的过程大致如下：开机时，主板上的基本输入／输出系统（BIOS）程序自动运行，然后将控制权交给硬盘主引导记录，由主引导记录去找到操作系统引导程序并执行，最后就看到操作系统界面了（如 Windows 桌面）。

引导型病毒是指在操作系统引导程序运行之前首先进入计算机内存，非法获取整个系统的控制权并进行传染和破坏的病毒。由于整个系统可能是带毒运行的，这种病毒的危害性很大。

（二）文件型病毒

文件型病毒指的是病毒寄生在诸如 .com、.exe、.drv、.bin、.ovl、.sys 等可执行文件的头部或尾部，并修改执行程序的第一条指令。一旦执行这些染毒程序就会先跳转去执行病毒程序，进而传染和破坏。这类病毒只有当染毒程序执行并满足条件时才会发作。

（三）混合型病毒

混合型病毒指的是兼有引导型和文件型病毒特点的病毒。这种病毒最难杀灭。

（四）宏病毒

所谓宏，就是一些命令排列在一起，作为一个单独命令被执行以完成一个特定任务。美国微软公司的两个基本办公软件 Word 和 Excel 有宏命令，其文档可以包含宏。宏病毒指的是寄生在由这两个软件创建的文档（.doc、.xls、.docx、.xlsx）或模板文档中的病毒。当对染毒文档操作时病毒就会进行破坏和传染。

（五）网络病毒

网络病毒指利用网络传播的病毒，如求职信病毒、FunLove 病毒、蓝色代码病毒、冲击波病毒等。黑客是危害计算机系统的源头之一，利用"黑客程序"可以远程非法进入他人的计算机系统，截取或篡改数据，危害信息安全。

三、计算机病毒的诊断及预防

计算机病毒由于具有隐蔽性，所以很难被发现。尽管如此，仔细观察，人们还是可以发现蛛丝马迹的。例如，系统的内存明显变小、系统经常出现死机现象、屏幕经常出现一些莫名其妙的信息或异常现象等。

养成良好的计算机使用习惯，可以有效减少病毒的侵害或降低因病毒侵害所造成的损失。这些习惯可归纳如下：

①安装杀毒软件和安全卫士。现在完全免费的杀毒软件和安全卫士比比皆是，个人计算机应该同时安装这两类软件，并及时升级，定期查杀、扫描漏洞、更新补丁。

②外来的移动存储器应先查杀再使用。

③重要的文档要备份，可利用 Ghost 等软件将整个系统备份下来。

④不要随便打开来历不明的邮件或链接。

⑤浏览网页、下载文件要选择正规的网站。

⑥有效管理系统所有的账户，取消不必要的系统共享和远程登录功能。

四、计算机应用中的道德与法律问题

任何一件事情都会有积极与消极的一面。计算机技术的广泛应用极大地促进了文明的进步，这方面的例子可以说是不胜枚举。与此同时，计算机的广泛应用也带来了许多消极的影响。例如，由于大量地使用电子邮件等现代通信方式，人与人之间的面对面的直接交流减少，从而造成人际关系的疏远。再如，人们对计算机的依赖性越来越高，对于许多现代人来说，如果没有了计算机，恐怕就很难正常地工作与生活。更为严重的是，计算机与网络技术的普及也带来了新的犯罪方式，网络犯罪事件时有发生。

关于计算机道德的问题由此被提到了一个很重要的层面。计算机道德是与如何正确地使用计算机获取信息紧密相关的。例如，在互联网上有许多重要的信息，我们应该如何正确地使用、传播这些信息？道德的问题需要通过教育来解决。因此，现在几乎全世界所有的国家都非常重视信息技术的教育以及信息素养的培养。

当然教育不能解决所有的问题，道德的约束也是建立在自觉的基础上的。当问题发生后，还是需要由法律来解决。目前许多国家都有专门针对计算机犯罪问题的法律。在我国，刑法中也有专门针对计算机犯罪的条款，另外还有许多相关的管理条例等。

第四节　成果展示

计算机免疫技术是从自然界生物体免疫技术获取的灵感。虽然在生物体和计算机系统之间有许多差异，但生物体免疫系统与计算机安全系统却有很多相似之处。因此，通过对它们相同点的研究，人们提出了许多加强计算机安全的方法。

　　计算机病毒通过某种途径潜伏在计算机存储介质（或程序）里，当达到一定条件即被激活，它通过修改其他程序的方法将自己嵌入其他程序中，感染它们，对电脑资源进行破坏。特洛伊木马（Trojan Horse）是一种基于远程控制的工具，其实质是一种服务器/客户机（Client/Server）型的网络程序。特洛伊木马程序通过各种诱惑信息骗取用户的信任，在目标计算机上运行后，可以控制整个计算机系统，造成用户资料的泄露，甚至导致系统崩溃等。从概念上讲，它应满足以下条件之一：

　　①一个包含在合法程序中的未授权程序，该未授权程序实现用户未知或者用户不需要的功能。

　　②一个被加入未授权代码的合法程序，加入的未授权代码实现用户未知或者用户不需要的功能。

　　③任何一个看起来好像是实现必要的功能，实际上却实现了用户未知功能的程序。

　　本节所论述的计算机免疫技术是希望通过对自然界生物体免疫机理的研究，实现一种类似于生物体免疫系统的计算机人工免疫系统，从而确保计算机系统抵抗病毒和木马的入侵。它的特点是具有很强的自主性和自适应性，能检测到已知与未知的非法入侵，保障系统安全、高效地运行。

一、计算机免疫技术

　　计算机免疫系统的任务就是借鉴生物体免疫系统的理论实现在计算机系统中的"自我"与"非我"的区别。对"自我"的定义太严格会导致无害误报，而定义得太宽又会导致容忍一些不可接受的活动从而造成有害误报。实际上，生物体免疫系统和计算机免疫系统所要解决的问题是区别有害和无害的实体，而不是"自我"和"非我"的区别。因此要求对"自我"的定义比对危险的"非我"敏感。由于脊椎动物生物体化学成分的高度稳定性，使得生物免疫系统通常假设任何未知的物质都是有害的，从而可以将对有害的和无害的区别问题用对"自我"和"非我"这样简单的区别来代替。

　　但计算机免疫系统在对"自我"概念的定义时会有很大的问题，我们不能简单地将"自我"定义为计算机第一次购买时所预装的软件集合，应将"自我"

作为计算机用户在不断地更新和增加新的软件，如果计算机免疫系统对所有这些新的更改和增加都做免疫处理的话，这将是不可接受的。

二、免疫系统的基本原理与实现

（一）免疫系统的基本原理

基于免疫技术的入侵检测系统，建立在安全的操作系统之上，即在操作系统和应用软件之间，加装免疫系统。

免疫系统的基本原理是，依据一定的规则，对所有安装在操作系统之上的应用软件进行认证，允许合法的程序运行，禁止非法的程序运行。

比如，可以运用免疫机制来检测程序和受保护数据的异常改动，从而发现病毒感染引起的数据文件的改变，检测到未知的病毒。还可以利用免疫机制对进程进行监视，从而检测对主机的入侵活动，禁止非法进程的执行。

当然，一切检测的基础是判断出哪些是合法的行为、哪些是非法的行为。对合法的程序，系统允许其运行，对非法的程序，系统禁止其运行，从而确保系统的安全运行。

免疫系统工作的基础就是允许合法程序的运行，禁止非法程序的运行。对合法程序以及非法程序的定义就成为免疫系统工作的前提和保障。

可以按照一定规则定义出自我集和非我集。将行为符合自我集中某些特征的程序认定为合法程序，将行为符合非我集中特征的程序定义为非法程序。

例如，可以对主机进程的各种系统资源的占用情况（如 CPU 占用时间、内存占用空间、外部存储器占用时间、I/O 占用时间、网络占用时间和带宽等）进行采样，建立起一定时间内的资源使用状况数据库，然后将它们保存为自我集中抗原数据段。同时，可以将木马进程和木马寄生进程的资源使用状况定义为非我抗原，将其作为非我集数据库中的特征数据段。

当有新的进程执行时，对其进行认证：若其符合自我集中的特征数据段，则将其定义为合法进程，允许其执行，否则，禁止其执行。

（二）免疫系统的实现

免疫系统由数据库模块、特征检测模块、特征分析模块、自适应学习模块、人机交互模块、命令执行模块、安全日志模块等组成。

数据库模块用来存储自我集和非我集的特征数据段，该数据库依据自我集和非我集的定义建立，而且可以与自适应学习模块相结合，对自我集和非我集的数据段进行动态调整。必要时，也可由管理员通过人机交互模块手工更改数据库内容，从而完成对自我集和非我集的精确定义。

特征检测模块的检测算法可以采用连续 r 位匹配算法。该算法具体为，当连续匹配的位数大于等于 r 值时，两个序列匹配，否则不匹配。在产生算法设计中，利用连续 r 位的匹配规则，可实现以较小的检测器集合检测到较大范围的"非我"行为。同时，可对多种资源的检测结果进行综合，以得出最全面的评价结果，减小误报的概率。

特征分析模块用来对特征值即不属于自我集又不属于非我集的进程进行进一步的分析。如果通过对其特征提取判断其为合法程序，则通过自适应学习模块将其特征值加入自我集，并允许其执行；如果通过对其特征提取判断其为非法程序，则通过自适应学习模块将其特征值加入非我集，禁止其执行；否则，转入人机交互模块，交管理员进行进一步处理。

命令执行模块在免疫系统完成对某程序的分析认证后，若判断出其为合法程序，则通过该模块允许其执行；若判断出该程序为非法程序，则禁止其执行。

安全日志模块用来把检测数据的分析结果和入侵检测的警告信息保存到安全日志中，方便管理员的进一步分析。

总而言之，基于免疫机制的防病毒入侵系统提出了自我集和非我集的自适应学习问题，针对该算法的优化是下一步重点研究的内容。同时，如何提高该系统的稳定性，如何准确、有效地防御和清除病毒和木马，以及如何进一步恢复被感染的文件，也有待进一步的探索和研究。

第二章　数据通信技术应用

第一节　数据通信技术概述

一、数据通信技术基本概念

（一）通信

通信是把信息从一个地方传送到另一个地方的过程。用来实现通信过程的系统被称为通信系统。为了把信息从一个地方传送到另一个地方，通信中所采用的信息传送方式是多种多样的。然而，不论通信系统采用何种通信方式，对一个通信系统来说，它都必须具备三个基本要素：信源、信道和信宿。

信源：信息产生和出现的发源地，既可以是人，也可以是计算机等设备。

信道：信息传输过程中承载信息的传输介质。

信宿：接收信息的目的地。

在数据通信中，计算机（或终端）设备起着信源和信宿的作用，通信线路和必要的通信转接设备构成了通信信道。

此外，信号在传输过程中必然受到外界的干扰，这种干扰称为噪声。噪声过大将影响被传送信号的真实性或正确性。所以数据通信中噪声也是必须考虑的因素之一。

（二）数据通信

如果一个通信系统传输的信息是数据，则称这种通信为数据通信，实现这种通信的整个系统是数据通信系统。信息的传输不是以信息为单位进行的。系统传输的目的不是要了解所传送信息的内容，而是要正确无误地把表达信息的符号即数据传送到信宿中，让信宿接收。

（三）信息

一般认为信息是人们对现实世界事物存在方式或运动状态的某种认识。信息的表示形式可以是数值、文字、图形、声音、图像和动画等，是人们要通过通信系统传递的内容。信息总是与一定的形式相联系的，这种形式实体就是数据。

（四）数据

数据是把事物的某些属性规范化后的表现形式，它能被识别，也可以被描述。例如，十进制数、二进制数、字符、图像等。数据是传递信息的实体，而信息是数据的内容或解释。数据可以分为模拟数据和数字数据。

模拟数据是在一定的数值范围内可以连续取值的信号，是一种在某区间内连续变化的电信号，如气温的变化、声音的高低。这种数据是一个连续变化的物理量，这种电信号可以按照不同频率在各种不同的介质上传输。

数字数据是一种离散的脉冲序列，它取几个不连续的物理状态来代表数字，如年份、人数的取值。最简单的离散数字是二进制数字 0 和 1，它分别由信号的两个物理状态（如低电平和高电平）来表示。利用数字信号传输的数据，在受到一定限度内的干扰后是可以恢复的。数字数据比较容易存储、处理和传输。模拟数据经过处理也能变成数字数据，这就是为什么人们要从模拟电视发展到数字电视的原因。当然，数字数据传输也有它的缺点，如系统庞大、设备复杂，所以在某些需要简化设备的情况下，模拟数据传输还会被采用。总体来说，现在大多数的数据传输都是数字数据传输。

（五）信号

信号是数据的具体物理表现，具有确定的物理描述，如将人或机器产生的信息转换为适合在通信信道上传输的电编码、电磁编码或光编码。

信号通常都是以特定的电磁波形式传输的。电磁波都有一定的频谱范围，信号所取的频谱范围称为该信号的带宽。例如，声音数据，作为声波，其频率范围在 20Hz ～ 20kHz。一般声音信号的频率范围（带宽）在 300 ～ 3400Hz，这个频率范围已完全足够使声音清楚地传播。因此电话系统的标准带宽定为 3.1kHz，电话就是按这个标准频率发送和接收音频信号的。

信号可以分为模拟信号和数字信号。模拟信号是指表示信息的信号及其振幅、频率、相位等参数随着信息连续变化，幅度必须是连续的，但在时间上可以是连续的或离散的，如电话线上传输的语音信号、电视信号等。

数字信号不仅在时间上是离散的，在幅度上也是离散的，如电报信号、计算机输入 / 输出的二进制信号等。

信息、数据和信号这三者是紧密相关的。在数据通信系统中，人们关注更多的是数据和信号。

（六）模拟传输和数字传输

如果信源产生的是数字数据，那么可以有两种传输方式。

1. 用模拟信道传输

在模拟传输方式中，数据进入信道之前要经过调制，变换为模拟的调制信号。由于调制信号的频谱较窄，因此信道的利用率较高。模拟信号在传输中会衰竭，还会受到噪声的干扰。如果用放大器将信号放大，混入的噪声也同时会被放大，这是模拟传输的缺点。信号达到信宿时要通过解调，将模拟信号重新还原为数字数据。

2. 用数字信道传输

在数据传输方式中，可以直接传输二进制数据或经过二进制编码的数据，也可以传输数字化了的模拟信号。因为数字信号只取有限离散值，在传输过程中即使受到噪声的干扰，只要没有畸变到不可识别的程度，就可以用信号再生的方法进行恢复，对某些数码的差错也可以用差错控制技术加以消除。所以数字传输在信号不失真地正确传送方面是很有优势的，这就是我们在数字电话中听到的声音更清晰的原因。同时，数字信息易于加密且保密性好。

（七）信道

数据信号需要通过某种通信线路来传输，这个传送信号的通路称为信道。信道由传输介质及相应的附属信号设备组成。信道分为物理信道和逻辑信道。

物理信道是指传输介质构成的实际通路。

逻辑信道是指通信双方通信时建立的连接通路。逻辑信道也是一种通路，但在信号的收、发点之间并不存在一条物理上的传输介质，而是在物理信道基础上，由结点内部的连接实现。

两者的概念类似于一条马路与马路上的机动车道、非机动车道和人行道的概念。显然，一条物理信道上可以有多个逻辑信道，即一条线路上可以有多个信道，如一条光纤可以供上千人通话，有上千个电话信道。

（八）信道容量

信道容量指信道的最大数据传输速率，即单位时间内可传送的最大比特数。信道的传输能力是有一定限制的，无论采用何种编码技术，传输数据的速率都不可能超过这个上限。

信道的最大传输速率和信道带宽有直接关系，即信道带宽越宽，数据传输速率越高。

（九）带宽

带宽是指频率范围的宽度，单位是赫兹（Hz）。每种信号都要占据一定的频率范围。该频率范围称为带宽，如声音的频率范围是 20～20000Hz，彩电信号的有效带宽为 4.6MHz。信号的大部分能量往往包含在频率较窄的一段频带中，这就是有效带宽。

数据传输速率与带宽有着直接的关系。一方面，数据信号传输速率越高，其有效的带宽越宽；另一方面，传输系统的带宽越宽，该系统能传送的数据传输速率就越高。

单位时间内传输的信息量越大，信道的传输能力就越强，信道容量就越大。提高信道传输能力的方法之一，就是提高信道的带宽。

（十）信道带宽

信道上传输的是电磁波信号，某个信道能够传送电磁波的有效频率范围就是该信道的带宽。例如，人耳所能感受的声波频率范围是 20～20000Hz，低于这个范围的叫次声波，高于这个范围的叫超声波，人的听觉系统无法将次声波和超声波传递到大脑，所以用 20000Hz 减去 20Hz 所得的值就好比是人类听觉系统的带宽。数据通信系统的信道传输的是电磁波（包括无线电波、微波、光波等），它的带宽就是所能传输电磁波的最大有效频率减去最小有效频率所得的值。信道带宽应大于信号带宽。

二、数据通信系统

（一）通信系统

数据通信系统的构成由信源、发送设备、传输通道、接收设备和信宿组成。

在数据通信系统中，信源和信宿是各种类型的计算机和终端，它们被称为数据终端设备（Date Terminal Equipment，DTE）。一个 DTE 通常既是信源又是信宿。

所以说，数据通信系统是指以计算机为中心，用通信线路与数据终端设备连接起来执行数据通信的系统。无论现实世界中的网络多么大、多么复杂，都是这五类基本元素在工作并支持组织数据的通信活动。这个框架有助于理解当今使用的各种类型通信网络。

数据进入计算机，首先要通过发送设备转为适合于通过传输信道的信号波形，这一转换过程称为调制。经过调制的数据信号通过传输信道，到达另一端的终端，接收设备从调制过的数据信号中恢复出数据，这一转换过程称为解调。

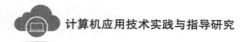

（二）数据通信的基本过程

数据从发送端出发到数据被接收端接收的整个过程称为数据通信过程。每次通信又包含两个子过程：数据传输和通信控制。通信控制是为了保证数据传输而进行的各种辅助操作。数据通信基本过程一般被分为五个阶段，每个阶段包括一组功能，可以用我们日常生活中的电话通信来比喻。

第一阶段：建立通信线路，用户将要通信的对方地址告诉通信控制处理机。这相当于用户拿起电话进行拨号。

第二阶段：若对方同意通信，建立数据传输链路，通信双方建立同步联系，双方设备处于正确的收发状态。这相当于对方电话铃响，并拿起电话。

第三阶段：传输数据及必要的通信控制信号。这类似于通话双方进行对话。

第四阶段：数据传输结束，通信双方通过控制信息确认此次通信结束。这类似于对话双方说再见。

第五阶段：通知通信控制处理机，通信结束并切断数据连接的物理通道。这相当于对话双方挂起电话。

三、数据通信的传输媒体

传输媒体又称为传输介质，是通信中实际传输信息的载体，也就是通信网络中发送方和接收方之间的物理通路，是通信网的主要组成部分。传输媒体分为有线和无线两大类。双绞线、同轴电缆和光纤是常用的有线传输媒体；无线电波通信、激光通信、红外通信、微波通信及卫星通信的信息载体，都属于无线传输媒体。

（一）有线传输媒体

1. 双绞线

双绞线是一种最简单、最经济、最常用的传输媒体。它由两根彼此绝缘的、按照规则绞合在一起的铜线组成，数据传输速率为 10 ～ 100Mbps。日常生活中最常见的电话线就是双绞线。双绞线可以传输模拟和数字信号，适合于短距离传输，特别是点对点通信，但线路损耗大，易受各种电信号干扰，可靠性较差，不适用于高速大容量通信。双绞线一般分为屏蔽双绞线和非屏蔽双绞线两种。

2. 同轴电缆线

同轴电缆线是用得较多的传输媒体。它由内外两个导体组成，内导体是一根芯线，外包一层屏蔽层，最外面是塑料保护层。外导体是一系列以内导体为轴的金属细丝组成的圆柱编织面，内外导体之间是绝缘层。

同轴电缆可以用于模拟信号与数字信号间的传输，支持点对点连接，也支持多点连接。同轴电缆根据带宽和用途的不同可分为基带同轴电缆和宽带同轴电缆。同轴电缆具有较高的抗干扰能力，通信容量也较大，在有线传输中占有重要地位。

3. 光纤

光纤是网络传输媒体中性能最好、应用前途最广泛的一种。

光纤是一种能够传导光线的传输媒体。光纤由内芯和包层两部分组成，它由能够传导光波的石英玻璃纤维，外加保护层构成。根据光的全反射原理，光从折射率大的介质（纤芯）射向折射率小的介质（包层）的界面时，在一定的条件下，光在界面处会全部被反射回原介质（纤芯）中。所以光波束从光导纤维一端进入芯线后，能够在芯线与包层的界面上做多次全反射而曲折前进。

一根或多根光纤组合在一起形成光缆，光缆还包括一层能吸收光线的外壳。光纤的数据传输速率可达几千 Mbps，传输距离达几十千米。光纤具有损耗低、传输速率高、传输距离远和抗电磁干扰等特点，尤其是对环境因素有很强的抵抗能力。其缺点是实现代价较高。

（二）无线传输媒体

无线传输媒体通过大气进行传输，目前有微波、激光、红外线、卫星等通信技术。

无线电通信在无线电广播和电视广播中已经得到了广泛使用，而且无线电通信现在广泛应用于电话领域，构成蜂窝式的无线电话网。便携式计算机的出现以及在军事、野外等特殊场合下移动式通信联网的需要，促进了数字化无线移动的发展。无线局域网已投入使用，能在一幢楼内提供快速、高性能的计算机联网技术。

1. 微波

利用微波进行通信，具有容量大、质量好和传输距离远的特点，因此它是国家通信网的一种重要通信手段，也普遍适用于各种专用通信网。微波通信的频率很高，可同时传递大量信息。例如，一个带宽为 2MHz 的频段可容纳 500 条语音线路，用来传输数字信号，可达若干 Mbps。微波通信的工作频率很高。与通常的无线电波不一样，微波是沿直线传播的。由于地球曲面的影响以及空间传输的损耗，利用微波进行通信，每隔 50 千米左右，就需要设置中继站，将电波放大转发而延伸。因此这种通信方式，也称为微波中继通信或微波接力通信。长距离微波通信干线可以经过几十次中继而传至数千千米仍可保持很高的通信质量。

微波传输受环境条件的影响较大，如大气层的条件、障碍物阻挡等，都会影响微波的传播。此外，微波通信的保密性也较差。

2. 激光

激光通信与无线电通信类似，即先将声音和图像信号调制到激光束上，然后把载有声音和图像信号的激光发送出去，最后用接收装置把声音和图像信号检出来。

激光是由一种称为激光器的装置发射出来的，不同的激光器可以发出不同颜色的激光。激光具有良好的指向性，沿一定方向传播时几乎是不发散的，并在很长的距离内保持聚焦。激光具有很高的亮度，能直接在空中传输而无须通过有形的光导体。激光通信和微波通信有相似之处，都是沿直线传输。有时可用激光通信来连接不同建筑物中的局域网络，这在建筑物间要跨越公共空间时特别有用。

采用激光通信必须注意大气温度的变化对通信过程的影响。温度变化和波动常常会使接收端不能正常接收信号。同时大气中的云、雨、雾、烟尘等因素，会使通信距离和通信质量受到影响。

为了克服上述缺陷，科学家们研究和发展了激光的光纤通信，并取得了很大的成功。带有信号的激光沿着光纤向前传播，可以不受外界条件的干扰，使激光通信能传播很远，并且能提高通信质量。同时激光的光纤通信还有容量大的优点。一根光纤可以传送几百路电话、几个频道的电视节目，而采用电缆来传送电信号，一根电缆只能传送几十路电话。

3. 红外线

红外通信是利用红外线进行的通信，已广泛应用于短距离的通信。红外线不能穿透物体，包括墙壁，因而要求收发双方彼此处在视线范围以内，此时红外线传输数据的速率可达到 100Mbps，同时还可以防止窃听和相互间的串扰。红外通信要求有一定的方向性，即发送器直接指向接收器。

电视机和录像机的遥控器就是应用红外通信的例子。红外线应用于数据通信和计算机网络也越来越普遍。在一个房间内配置一套相对不聚焦的（某种程度上是多方向的）红外发射和接收器，就可方便构成红外无线局域网络。具有红外传输功能的便携机、PC、掌上电脑、手机，甚至比较高级的计算器，都可以通过红外线来进行数据传输。

以上三种技术都需要在发送方和接收方之间有一条视线（Line Of Sight）通路，有时统称这三者为视线介质。所不同的是，红外通信和激光通信把要传输的信号分别转换为红外光信号和激光信号，直接在空间传播。

4. 卫星

卫星通信是指利用人造地球卫星作为空中微波中继站，实现地球上两个或多个地球站之间的通信。卫星通信是一种特殊的微波通信，和一般地面微波通信不同，它使用地球同步卫星作为中继站来转发微波信号。卫星通信不仅可以为全球提供远距离的电视广播、移动通信服务，而且可以提供数字广播和定点式数字通信。利用卫星通信网可以实现更大范围的网络互联，具有覆盖地域广、传输距离长、传输质量好、通信速率快等特点。因此，卫星通信通常在覆盖面积广、规模大的互联网主干网的环境中使用。

现在人们已经不满足于可搬动的小型卫星通信地面站或能便携的卫星通信用户机状态，希望能够用手持机实现任何一个人（Whoever）在任何时间（Whenever）、任何地点（Wherever），都能与世界上其他任何人（Whomever）进行任何方式（Whatever）的通信，这就是所谓的全球个人通信标志（5W）。第五个"W"（Whatever）是指可以支持语音、数据和图像等多种业务通信。

四、数据通信的接口和标准

在数据通信中通信设备之间的连接称为接口。为了使各种通信设备的连接具有通用性，接口的设计必须遵循一定的标准。接口所扮演的角色可以视为"中间人"，其提供了三项转换功能：

电气特性的转换：针对信号的电平设定。

机械特性的转换：对接插件和插针的功能定义。

数据的转换：将数据做适当的格式转换。

（一）RS-232 接口

RS-232C 是由美国电子工业协会（EIA）在 1969 年颁布的一种目前使用最广泛的串行物理接口。

计算机终端实际上是数据的信源或信宿，而通信转换设备（DCE）则完成数据由信源到信宿的传输任务。RS-232C 标准接口只控制 DTE 与 DCE 之间的通信，与连接在两个 DCE 之间的电话网没有直接的关系。

RS-232标准规定其接口的连线为一条25线的电缆，电缆与设备的接口是一个25针的连接器。各条连接线在设备通信的建立中起着不同的作用。RS-232C的功能特性定义了25芯标准连接器中的20根信号线，剩下的5根线做备用或未定义。

RS-232接口还有一种9针的连接器，这种类型的连接器省略了一些不常用的连线。目前台式PC中都配置有这种9针的RS-232连接器。

RS-232标准的优点是实现简单，其缺点为带宽较窄，传输距离较近，一般用于十几米的距离内，最高传输速率为100kbps。

（二）RS-449接口

RS-449被设计用来取代RS-232标准，以提高带宽和增大距离。两者的不同之处在于，RS-449属于平衡型接口，而且控制线数目较多，因此，接插件插针同时使用37针和9针这两种形式组合，另外，它的噪声免疫力也比RS-232好。

RS-449定义了一个37针的连接，在使用平衡信号时，传输距离在十几米内，传输速率为10Mbps；而使用不平衡信号时，在十几米距离内，其传输速率为100kbps。传输速率和传输距离是成反比的。

RS-449标准的优点是便于高速、远距离传送，其缺点是实现相对比较困难，适用于传输速率要求较高的场合，如数字摄像机和主机之间的连接。

（三）USB接口

USB接口是通用串行总线接口的简称，是一种较新的标准接口。其规格是由英特尔（Intel）、国际商业机器公司（IBM）、微软等公司联合制定的，被设计用来取代串口和PS/2接口。使用该标准接口，可以使计算机周边设备连接标准化、单一化。

USB标准是一种新型的接口标准，传输速率高，具有广泛的通用性，应用范围十分广泛，缺点是传输的距离有限。

（四）IEEE 1394接口

IEEE 1394是一个高速、实时串行标准，又称为"高速串行总线"，现在已经成为一个国际标准。它支持点对点的连接，最多允许63个相同速度的设备连接到同一总线上，各连接结点上的设备可以不通过主机而直接进行通信。IEEE 1394的传输速率相当快，目前近距离（4.5米）最大传输速率可达3.2Gbps，远距离（50米内）最大传输速率也能达到400Mbps，同时它也支持即插即用。

和 USB 接口相比，IEEE 1394 的应用还没有普及，因为在大多数情况下需要外接控制芯片，所以实现成本相对较高。对于数码摄录像机等一类要求容量大、精度高的传输设备，IEEE 1394 以其超快的传输速率成为主要的选择。

第二节　数据传输

一、数据传输类型

（一）基带传输

直接使用数字信号传输数据时，数字信号几乎要占用整个频带，终端设备把数字信号转换成脉冲电信号（脉冲方波）时，这个原始的电信号所固有的频带，称为基本频带，简称基带。在信道中直接传送基带信号，称为基带传输。例如，从计算机到监视器、打印机等外设的信号就是基带传输的。大多数的局域网使用基带传输，如以太网、令牌环网。

在基带传输中，数字信号通过直流脉冲发送，独占通信线路的容量，因此，基带传输一次仅能传输一个信号并占用一个信道，并随传输的距离增大而迅速衰减，如果要增加传输距离，可以使用中继器再生和放大信号。采用基带传输的一个比较典型和常见的例子是以太网。使用基带传输时，数字数据由许多不同形式的电信号的波形来表示。表示二进制数字的码元的形式不同，便产生出不同的编码方案。

数据编码是实现数据通信的最基本的一项重要工作，除了用模拟信号传送模拟数据不需要编码外，数字数据在数字信道上传送需进行数字信号编码，数字数据在模拟信道上传送需调制编码，模拟数据在数字信道上传送也需要进行编码。

编码的方法主要有非归零编码、曼彻斯特编码和差分曼彻斯特编码等。其中两种曼彻斯特编码都得到了广泛应用。采用不同的编码方法，可以提高数据传输的效率，也可以提高数据传输的容错性。

（二）频带传输

基带传输一般只适用于传输距离不太远的情形，对于远距离数据传输，则需要采用频带传输。频带传输指的是选取某一频率范围的模拟信号作为载波，采用某种方法加载要传送的数字信号，再通过模拟通信信道传输的方式。在频带传输过程中，先将二进制形式的数字信号进行调制，转换成能在模拟信道（如电话线路或其他传输线路）传输的模拟信号传输出去，再在接收端经过解调将模拟信号还原成数字信号。

大部分远距离通信线路都要求信号以频带传输的方式传输。其优点是可以充分地利用信道的容量，而且载波信号在传输中衰减较慢，因而可以传输比较远的距离。

调制就是用基带脉冲对载波波形的某些参量进行控制，使这些参量随基带脉冲变化。经过调制的信号称为已调信号。已调信号通过线路传输到接收端，在接收端通过解调恢复为原始基带脉冲。

任何载波信号都有三个特征：振幅（A）、频率（F）和相位（P）。相应地，把数字信号转换成模拟信号就有三种基本技术：幅度调制（ASK）、频率调制（FSK）和相位调制（PSK）。在数据通信中幅度调制、频率调制和相位调制常相应地被称为移幅键控法、移频键控法和移相键控法。

1. 调制技术

利用调制技术可以把数字数据变换成模拟信号。在调制技术中需要用到载波。载波的初始状态是高频等幅的正弦波，调制技术是用数字数据调节载波的特性，使它成为运载数据的信号。

（1）幅度调制

幅度调制（Amplitude Shift Keying，ASK）就是利用数字数据调节载波的幅度。在幅度调制中，幅度是随发送的数字信号而变化的变量，而频率和相位是常数。

（2）频率调制

频率调制（Frequency Shift Keying，FSK）就是利用数字数据调节载波的频率。在频率调制中，频率是随发送的数字信号而变化的变量，而幅度和相位是常数。

（3）相位调制

相位调制（Frequency Shift Keying，FSK）利用数字数据调节载波的相位。在相位调制中，相位是随发送的数字信号而变化的变量，而幅度和频率是常数。

2. 调制技术的特点

在幅度调制方式中，信号的幅度易受突发干扰的影响，通常只用于较低的数据速率，在传输声音的话频线路中，传输的典型速率只能达到1200bps。调频的抗干扰能力优于调幅，但频带利用率不高，也只在传输较低速率的数字信号时得到广泛应用。利用调频方式可实现在一条话频线路中进行全双工的数据通信，方式是将两个方向的信号调制到不同的频段。调相占用频带较窄，抗干扰性能好，可以达到更高的数据速率。在话频线路中，调相的数据速率可以达到 9600bps。另外，还可以将各种调制方式适当地组合使用，最常用的有调相和调幅的结合。

（三）宽带传输

宽带是指比音频带宽更宽的频带，它包括大部分电磁波频谱。利用宽带进行的传输称为宽带传输。在使用时通常将宽带的频带划分为若干子频带，分别用这些子频带来传送音频、视频及数字信号。因此可利用宽带传输系统在一个物理信道上实现多媒体信息的传输。

在局域网中，传输方式分为基带传输和宽带传输。它们的区别在于：基带传输的信号主要是数字信号，宽带传输的是模拟信号；基带传输的数据传输速率是 0 ～ 10Mbps，其典型的数据传输速率为 1 ～ 2.5Mbps，宽带传输的数据传输速率范围为 0 ～ 400Mbps，通常使用的传输速率是 5 ～ 10Mbps。一个宽带信道还可以被划分为多个逻辑基带信道。宽带传输能把声音、图像和数据等信息综合到一个物理信道上进行传输。宽带传输采用的是频带传输技术，但频带传输不一定是宽带传输。

（四）调制解调器

调制解调器是同时具有调制和解调两种功能的设备，是一种信号转换设备。

一条电话信道的带宽是 300 ～ 3400Hz，远小于数字信号的传输带宽，因此利用电话线进行数据通信，就必须把数字信号转变成音频范围内的模拟信号，通过电话线传递到接收端，再变回数字信号，这两个转换的过程分别称为"调制"和"解调"。

调制：把数字信号的"0"和"1"用某种载波（正弦波）的变化表示。

解调：将被调制的信号从载波上取出，并还原成数字信号。

1.调制解调器工作原理分解

一台计算机 A 要与另一台计算机 B 通信，A 首先要拨通 B 的电话号码，建立一条通过中心电话交换机的通信链路。在建立链路的同时，A 作为呼叫方与被呼叫方 B 的两台调制解调器建立一种呼叫、被呼叫关系。A 向 B 发送信号使用 1070Hz（对应数字 0）和 1270Hz（对应数字 1），使用信道 1；而 B 向 A 确认接收则使用 2025Hz（对应数字 0）和 2225Hz（对应数字 1），使用信道 2。A、B 两机以各自的调制解调器和两条信道交换信息，交换完毕后，A 提出拆除链路请求，B 应答后链路断开，通信结束。

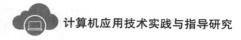

2. 调制解调器的分类

调制解调器可以按不同的方式进行分类，常见的分类方式如下：

（1）按连接方式分类

内置式：与声卡、显卡一样，安装在计算机主板扩展槽上，其特点是要占用一定的 CPU 资源，但价格相对低廉。

外置式：通过 RS-232 串口线或 USB 接口与计算机的串行口连接，不占用 CPU 资源，安装和移动十分方便，但价格相对较贵。

无线式：不需要物理上直接和计算机连接，而是通过无线电方式，安装使用最方便，但价格较贵。

（2）按功能分类

数据调制解调：专门用于数据传输的调制解调器。

传真 / 调制解调器（Fax/Modem）：用于数据传输，又兼具有传真功能的调制解调器。

传真 / 语音 / 调制解调器（Fax/Voice/Modem）：同时具有传真、语音和数据传输功能的调制解调器。

（3）按使用的通信线路分类

调制解调器：一般用于公用电话网，其传输速率可达 56kbps。

电缆调制解调器（Cable Modem）：利用有线电视网作为接入网，具有双向通信能力，克服了传统的有线电视网只能单向传输的局限。从传输方式上可分为对称式传输（速率为 2～4Mbps，最高能达到 10Mbps）、非对称式传输（下行速率为 30Mbps，上行速率为 500kbps～2.56Mbps）。

非对称数字用户线路调制解调器（ADSL Modem）：利用数字编码技术从现有铜质电话线上获取最大数据传输容量，同时又不干扰在同一条线上进行的常规话音服务。ADSL 能够向终端用户提供 7Mbps 的下行传输速率和 1Mbps 的上行传输速率，比传统的 56kbps 模拟调制解调器快将近 100 倍。这也是传输速率达 128kbps 的 ISDN 所无法比拟的。它最初主要是针对视频点播业务开发的，随着技术的发展，成了一种较方便的宽带接入方式。

二、数据传输模式和差错校验

（一）数据通信的传输模式

数据通信的传输模式就是描述数据流从一地传送到另一地的传输方式。

1. 串行传输和并行传输

在数据通信中，按每次传送的数据位数，通信方式可分为串行传输和并行传输。

（1）串行传输

串行传输是指使用一条线路，逐个地传送所有的数据位。由于每次只能发送一个数据位，所以传输速率相对较慢，但它只需一条传输信道，具有经济实用、易于实现的优点，适用于较长距离连接中较可靠地传输数据。在网络中（如公用电话系统）普遍采用串行传输方式。

（2）并行传输

并行传输一次同时传送 8 位二进制数据，从发送端到接收端需要 8 根传输线，这些线路通常被捆扎在一条电缆里。并行传输一般适用于两个短距离的设备之间，如计算机并行口到打印机的连接或者在计算机内部的数据传输等。这种方式的优点是传输速率快，处理简单。

2. 异步传输与同步传输

（1）异步传输

所谓异步传输，是指发送方和接收方之间不需要严格的定时关系。也就是说，发送者可以在任何时候发送数据，只要被发送的数据已经处于可以发送的状态。接收者则只要数据到达，就可以接收数据。

在这种传输方式中，传送的数据为每次一个字符，传送时在每一个字符之前加上 1 位起始位（1），字符后加 1 位校验位和 1～2 位的停止位（1）。接收方在每个新字符开始时抓住再同步的机会，因此也称为起止式同步。所以这种传输方式不需要线路两端有统一的时钟信号，使用较方便，适用于数据传输速率要求不高的设备，如字符终端输入设备；或不是经常有大量数据传送的设备，如 PC 的 RS-232 口就采用异步传输方式。

（2）同步传输

与异步传输相反，同步传输则要求发送和接收数据的双方有严格的定时关系。同步传输是一个发送者和接收者之间互相制约、互相通信的过程。

同步传输不是独立地发送每个字符，而是把它们组合起来一起发送。这些组合称为数据帧，或简称为帧。即在一块数据的前面加入 1 个或 2 个以上的同步字符 SYN。SYN 字符是从 ASCII 码中精选出来供通信用的同步控制字符。同步字符后面的数据字符不需要任何附加位，同步字符表示字符传送的开始，

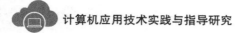

发送端和接收端应先约定同步字符的个数。同步方式是一种传输速率较高的通信方式，它可以成块地传输数据和字符。

计算机网络中的传输既包括异步传输，也包括同步传输。

3. 单工、双工和全双工传输

数据从一台设备传输到另一台设备，它们在发送方和接收方之间有明确的方向性。按数据信息的传送方向，数据传输方式可分为单工、半双工和全双工通信。

（1）单工通信

单工通信是指传送的数据始终是一个方向的，而不能进行与此相反方向的传送，好像单行线一样，如无线电广播、传呼机、打印机、电视机等。

（2）半双工通信

半双工通信是指可以双向传送，但同一时刻一个信道只允许单方向传送，即发送和接收数据必须轮流进行，如对讲机。

（3）全双工通信

全双工通信是指能够同时进行两个方向的通信，即有两个信道，可以同时向两个方向传送信息，如移动电话、大多数的计算机终端等。全双工通信效率高，控制简单，但通信技术复杂，必须确保信息能被正确而有序地接收，并允许设备能够有效地进行通信。

（二）差错校验与校正

数据在传输过程中，会受到来自信道内外的干扰与噪声，从而产生差错。这在数据传输过程中是常见的现象。数据传输的差错都是由噪声引起的。

噪声有两大类：热噪声和冲击噪声。热噪声是通信信道上固有的、持续存在的噪声。这种噪声具有不固定性，所以也称为随机噪声。冲击噪声是由外界某种原因突发产生的，如大气中的闪电、电源开关的跳火、自然界磁场的变化及电源的波动等外界因素等。

噪声会造成传输中的数据信号失真，产生差错，所以要求通信系统必须具有差错校验与校正功能。差错控制的作用是在传输数据出现差错之后，使用某些手段来发现差错并且加以纠正。可以通过对传送的信息或数据进行抗干扰编码来实现，即在信息上附加按一定关系产生的冗余位，然后把数据和冗余一起发到通信线路上，接收者收到数据后，再检查数据位和冗余之间的关系是否正确，从而发现差错和自动纠错。

1. 奇偶校验码

奇偶校验也称垂直冗余校验，它是以字符为单位的校验方法。一个字符由8位组成，其中后7位为信息字符的 ASCII 代码，前一位为校验位。若校验位用于使字符代码中的"1"的个数为奇数，则称为"奇校验"，反之称为"偶校验"。这种校验容易实现，但只能查错而不能纠错。

例如，如果一个字符的7位代码为1001101，若采用奇校验编码，由于这个字符的7位代码中有偶数个"1"，所以检验位的值应为"1"。在传输中，当接收端接收到的字符，经检测其8位代码"1"的个数为"奇个数"时，则被认为传输正确。否则就被认为传输中出现差错。然而，一旦出现有偶数个位在传输中出现差错，用此方法就检测不出来了。例如，10011011 经传输到接收端变 10000011。经检测，由于其8位代码中"1"的个数是奇数，虽然传输出现差错，但检测还是被通过。

2. 方块校验

方块校验又称水平冗余校验。这种方法是在奇偶校验的基础上，在一批字符传送之后，另外增加一个方块校验字符。该字符的编码方式是使所传输的这批字符代码的每一纵向位代码中"1"的个数成为奇数或偶数。方块校验具有更强的检错能力。

3. 循环冗余校验

循环冗余校验简称循环码校验，是一种更为复杂的校验方法，也是一种在计算机网络和数据通信中用得最广泛的校验码。循环冗余校验是在发送端对每个信息码根据一定规则产生一个循环冗余校验码，将这个校验码与信息码一同发送到接收端。接收端根据预先确定的规则，通过检测校验码可以确定进行的传输是否正确。

4. 差错控制机制

实用的差错控制方法，既要传输可靠性高，又要信道利用率高。为此，可使发送方将要发送的数据帧附加一定的冗余检错码一并发送，接收方则根据检错码对数据帧进行差错检测，若发现错误，就返回请求重发的应答，发送方收到请求重发的应答后，便重新传送该数据帧。这种差错控制方法称为自动反馈重发（Automatic Repeat-reQuest，ARQ）。

ARQ 法仅需返回少量控制信息，便可有效地确认所发数据帧是否正确被接收。ARQ 法主要有两种解决方案：

（1）停止等待方式

停止等待方式规定发送方每发送一帧后就要停下来等待接收方的确认返回，仅当接收方确认正确接收后再继续发送下一帧。否则，重新发送传输错误的帧。该方式简单明了，最大优点是结点所需的缓冲存储空间最小，因此在链路端使用简单终端的环境中被广泛采用，但传输效率较低。

其实现过程如下：

①发送方每次仅将当前数据帧作为待确认帧保留在缓冲存储器中。

②当发送方开始发送数据帧时，随即启动计时器。

③当接收方收到无差错数据帧后，即向发送方返回一个确认帧。

④当接收方检测到一个含有差错的数据帧时，便舍弃该帧。

⑤若发送方在规定时间内收到确认帧，即将计时器清零，继而开始下一帧的发送。

⑥若发送方在规定时间内未收到确认帧（计时器超时），则应重发存于缓冲器中的待确认数据帧。

（2）连续工作方式

连续工作方式规定，发送方可以连续发送一系列数据帧，即不用等前一帧被确认便可发送下一帧。这就需要在发送方设置一个较大的缓冲存储空间（称为重发表），用以存放若干待确认的数据帧。当发送方收到对某数据帧的确认帧后便可从重发表中将该数据帧删除。所以，该方式的链路传输效率大大提高，但相应需要更大的缓冲存储空间。

其实现过程如下：

①发送方连续发送数据帧而不必等待确认帧的返回。

②发送方在重发表中保存所发送的每个帧的备份。

③重发表按先进先出队列规则操作。

④接收方对每一个正确收到的数据帧返回一个确认帧。

⑤每一个确认帧包含一个唯一的序号，随相应的确认帧返回。

⑥接收方保存一个接收次序表，它包含最后正确收到的数据帧的序号。

⑦当发送方收到相应数据帧的确认后，从重发表中删除该数据帧的备份。

⑧当发送方检测出失序的确认帧（第 N 号数据帧和第 $N+2$ 号数据帧的确认帧已返回，而 $N+1$ 号的确认帧未返回）后，便重发未被确认的数据帧。

上面的连续反馈重发（RQ）过程是假定在不发生传输差错的情况下描述的，如果差错出现，如何进一步处理还可以有两种策略，即回退 N 帧策略和选择重发策略。

第三节　数据多路复用与交换技术的应用

数据通信，特别是长距离的数据通信占用宝贵的通信线路资源，所以通常要采用多路复用技术以提高通信线路的利用率。同时，长距离数据传输还存在数据交换的环节，即数据如何通过各种交换系统并最终到达目的地的数据交换技术。

一、数据多路复用技术

所谓的多路复用技术是指将多路信号在单一的传输线路上同时传输。采用多路复用技术的好处在于：减少长距离通信时的线路开支；降低单路信号通信时的线路带宽的浪费。同时，长距离数据传输还存在数据交换的环节，即数据如何通过各种交换系统并最终到达目的地的数据交换技术。

数据多路复用技术包括频分多路复用、时分多路复用和码分多路复用三种。

（一）频分多路复用

所谓频分多路复用，就是利用传输介质的宽频带特性，传输许多路较窄频带的信号，每一路信号的中心频率都不同，且在频率坐标上都相隔一定的距离，所以不会互相干扰。即把具有一定带宽的线路划分为若干不重叠的小频段，每个小频段可作为一个子信道供一个用户使用。这就像高速公路上有许多车道，各车道上跑的车互不干扰一样，又像我们收听的电台广播（AM 中的 990kHz、790kHz；FM 中的 101.7kHz、103.7kHz）。利用多路独立的载波频率去调剂多路输入信号，然后把这些不同频率的载波调制信号通过数据选择器（MUX）合成为一路信号，经线路传输，在接收端再利用数据选择器把不同频率的载波调制信号分隔开来，最后通过解调将所传输的数字信号复原。

有线电视（CATV）就是一个典型的例子，一根 CATV 电缆的带宽大约是500MHz，可传送 80 个频道的电视节目，每个频道 6MHz 的带宽中又进一步划分为声音子通道、视频子通道及彩色子通道。每个频道两边都留有一定的警戒频带，防止相互串扰。多个频道的电视信号使用不同频率的载波进行调制，然后合成一路信号，通过有线电缆进行传输。电视机通过分离单个频率的载波调制信号，从而可以接收不同频道的电视信号。

（二）时分多路复用

时分多路复用实际上是多台设备分时占用传输线路。分配给每一个设备的是一个很短的时间间隔，以保证尽量"公平"地轮流服务，就像公路上不同运输公司的货柜车有前有后在分时使用公路一样。这样每一路要传的数据都分成一小块，到目的地后再拼接还原。

应该指出，时分多路复用不但用于传输数字信号，也可以同时交叉传输模拟信号。就模拟信号而言，可以将频分多路复用技术和时分多路复用技术结合使用。一个传输系统的信道可以分为多条子信道，每条子信道再采用时分技术细分，以提高系统的传输速率。

（三）码分多路复用

码分多路复用（CDMA）主要用于移动电话通信，其运作方式不同于一般的移动电话，是全新的无线通信方式。

CDMA 的实现利用了展频技术。所谓展频，就是将所要传递的信息加入一组特定信号后，使原数据信号带宽被扩展，可以在一个比原来信号带宽大得多的宽带上传输。当接收到信号后，再将此组特定信号还原成原来的信号。采用展频技术，可以达到很好的隐秘性和安全性。

CDMA 系统有许多优点。例如：功率需求小；通话不易中断；通信质量好，使用 CDMA 的移动电话可以达到几乎接近一般有线电话的音质；系统容量大，是全球移动通信系统（GSM）的 4 ～ 5 倍。

二、数据交换技术

经编码后的数据在通信双方进行传输的最简单形式是，在两个互连的设备之间直接建立传输信道并进行数据传输。然而，在大范围的通信环境中直接连接两个设备往往是不现实的。实际上在点对点的通信系统中，需要通过设有中间结点的网络把数据从信源发送到信宿。这些中间结点并不关心数据内容，而是作为一个交换设备，把数据从一个结点传递到另一个结点，直至数据到达目的地为止。数据从信源到信宿的传递路径被称为通信链路。通常将信源和信宿收发信号的设备称为端点，而将提供交换服务的设备称为结点，传输介质使这些结点相互连接起来形成一个网，每个端点都连接到网络的某个结点上。如果端点系统设备是计算机和终端的话，那么结点集加上端点集就构成了计算机网络。

把数据从一个结点传送到另一个结点，直至达到其目的站，通常使用线路交换、报文交换和分组交换三种技术。

（一）线路交换

线路交换是计算机通信最早采用的交换方式，是指通过网络中的结点在两个站点之间建立一条专用的通信线路，通信双方自始至终占有该条线路。电话系统就是典型的线路交换。其通信过程可以分为线路建立、数据传输、线路拆除三个阶段。

1. 线路建立

在开始传送数据之前，必须建立一条点到点（端到端）的线路。假设设备A要求与设备B通信，设备A向交换结点1发出请求，交换结点1在通向目的站的路由表中找出下一条路由，然后连接请求传到下一个结点，这样通过各个中间交换结点的连接，使设备A和设备B之间建立一条实际的物理连接。

2. 数据传输

建立连接链路后，设备A和设备B就可以通过这条专用的线路来传输数据，数据既可以是模拟的也可以是数字的，通常采用全双工方式传输。在整个数据传输过程中，所建立的电路必须始终保持连接状态。

3. 线路拆除

数据传输结束后，就要终止连接，以拆除该连接所占用的专用资源。通常是由两个设备中的一个来完成这一动作的。

线路交换的优点是数据传输可靠、迅速，数据不会丢失且保持原来的序列；缺点是在某些情况下，线路空闲时的信道容量被浪费，建立线路有一定的时延。线路交换适用于电话通信系统，但不适用于计算机网络数据通信系统。

（二）报文交换

报文交换方式的数据传输单位是报文，报文就是站点一次性要发送的数据块，其长度不限且可变。报文交换不必在两个站间建立一条实际的物理专用通道。一个站点想发送一份报文，则在报文上附上一个终点地址，然后使报文以从结点到结点的方式通过网络。在每个结点处，接收整个报文并检查无误后，经短暂存储，然后根据报文的目的地址选择一条合适的空闲线路将报文再传输到下一个站点。因此，端与端之间无须先通过呼叫建立连接。如果该报文需要经过多个交换设备，则所有经过的交换设备都要进行相应的存储转发过程，直到报文最终到达目的地。

报文交换能在网络上实现报文的差错控制和纠错处理，其线路利用率高，信道可以被多个报文共享，一个报文可发送到多个目的地。其缺点是在交换结点中需要缓冲存储，报文需要排队，所以实时性不好，不适用于实时通信和交互通信。有时结点收到过多的数据而无空间存储或不能及时转发时，就不得不丢弃报文，而且发出的报文不按顺序到达目的地。

（三）分组交换

分组交换是目前应用最广泛的数据交换技术。分组交换采用"存储—转发"和"分组—组装"的数据传输机制。当发送端有数据要发送时，它把数据分为固定长度的分组，然后传输给交换设备；交换设备在接收到分组后，如果所需要的输出线路暂不空闲，则将数据分组存储起来，待输出线路空闲时，再将数据分组转发出去。分组交换又有两种方法，即数据报和虚电路。

①数据报：在数据报方法中，每个分组须携带完整的地址信息，同一报文的不同分组可在不同线路中传输，到终点后再将一个报文的所有分组重新汇集成完整报文。

②虚电路：在虚电路中，在送出任何分组之前，先建立一条逻辑连接，所有发送到网络中的分组，都按发送的前后顺序进入逻辑链路，然后沿着链路传送到目的地。

分组交换的优点是线路利用率高，信道可以被多个报文共享。另外，由于限制了报文分组的大小，故报文可以存储在交换设备的内存中，保证不会长时间占用线路，因而可以进行交互式和实时通信。其缺点是大报文需要进行分组与重组，有时会造成报文分组的丢失或失序。

第四节　常用通信网络

数据传输信道是实现数据传输的基础，也是数据通信网和数据通信系统的重要组成部分。

一、电话网络

公共交换电话网（PSTN）是将若干电话终端由通信线路与中心交换机按某种形式连接的通信网络。电话网具有覆盖面广、结构设计简单、使用简便等优点。电话网进行数据通信有两种形式：一是直接通过公用电话交换网，在两地用户之间实现数据的传输；二是利用电话网向用户提供固定持续的传输电路。电话网可以直接用来开放数据传输业务。在未出现公用数据网以前，大量的数据业务均集中在电话网中，电话网的传输质量与服务质量对数据通信的发展影响甚大。

二、蜂窝电话系统

蜂窝电话系统，即移动通信，是为在两个移动设备之间或一个移动单元和固定（地面）单元之间建立稳定的通信连接而设计的。由于其具有移动性、自由性，以及不受时间地点限制等特性，在现代通信领域，它是与卫星通信、光通信并列的重要通信手段。

现代的移动电话系统都采用蜂窝结构。蜂窝结构大大地增加了系统的容量，在概念上解决了无线频率拥挤的问题。

所谓蜂窝电话系统，是指将一个大区覆盖的范围划分为若干小区。一个移动电话局（MTSO）同一台计算机控制每个小区，与用户的移动电话建立通信，许多小区就可覆盖整个服务区，并通过在不同的小区使用相同的频率，使整个系统的容量增加。由于这种单元格的划分类似于蜂窝的形状（六边形），多个小区相邻排列就像蜂窝的结构，故称为蜂窝电话系统。

移动电话接收电话时，由于每个移动电话都有一个唯一的标识号码，当某个移动电话被呼叫时，MTSO 向控制下的所有单元站点传送它的标识号码，接着每个站点广播该号码，由于移动电话总是不断地监听广播，所以它将听到自己的 ID 广播，并做出响应。站点收到回答后，把回答传给 MTSO，由 MTSO 完成整个连接。

三、卫星通信系统

卫星通信系统由卫星和地球站两部分组成。卫星在控制系统中起中继站的作用，即把一个地球站发上来的电磁波放大后再返送回另一个地球站。卫星的接收和发送能力由卫星上的一个工作在 G 赫兹范围内的中继装置转发器提供，这个中继装置被称为转发器。一颗卫星上往往设有多个转发器以增强其传输能力。地球站则是卫星系统与地面公众网的接口，地面用户通过地球站出入卫星系统形成链路。由于静止卫星在赤道上空距地面 36000km 处，它绕地球一周时间恰好与地球自转一周（23 小时 56 分 4 秒）一致，从地面看上去如同静止不动一样，故称之为地球同步卫星。只要三颗相隔 120 度的同步卫星就能覆盖整个赤道圆周。

使用卫星通信很容易实现越洋和洲际的全球通信。适合卫星通信的频率范围一般为微波频段，即 1 ～ 10GHz 频段。随着应用的需求和深入，也开始使用一些新的频段，如 12GHz、14GHz、20GHz 及 30GHz 频段等。卫星通信系统的优缺点如下：

优点：通信范围大，只要在卫星发射的波束覆盖的范围均可进行通信，覆盖面广；受自然灾害的影响不大；传输容量大；可以方便地实现广播和多址通信。

缺点：由于两个地球站间电磁波传播距离超过 72000km，信号到达有延迟；10GHz 以上频段易受雨雪的影响，空间传播损耗比较大；天线易受太阳噪声和地面其他天线信号的影响，保密性差。

四、综合业务数字网络

电话系统在很大程度上依赖于模拟信号进行通信，但是随着数字通信的不断发展，电话系统已无法满足各种业务的需要，于是综合业务数字网络（Integrated Services Digital Network，ISDN）应运而生。ISDN 是以电话综合数字网（IDN）为基础发展起来的通信网络，它以公共交换电话网作为通信网络，即利用电话线进行数据传输。它提供端到端的数字连接，允许在一个单独的系统中同时传送声音、数据、传真、视频等信号。

ISDN 提供了三条独立的信道：两条 64kbps 的 B 信道和一条 16kbps 的 D 信道，一般称之为 2B+D。B 信道传输纯数据，D 信道则用于控制和一些低速应用，如遥感（远程读表）或警报系统。这 3 条信道一般采用时分多路复用技术进行传输。它的基本特性是在各用户之间实现以 16kbps 和 64kbps 速率为基础的端到端的透明传输。

由于 ISDN 完全采用数字信道，因而能获得较高的带宽、较好的通信质量。同时，用户在使用电话线路进行拨号上网时，不影响正常的电话使用。ISDN 为新的通信业务提供了可扩展性。

ISDN 分为窄带 ISDN 和宽带 B-ISDN 两种，前者提供 56kbps ～ 2Mbps 的低速服务，后者运用了 ATM 技术，可以提供 2 ～ 600Mbps 的高速连接。

五、Cable Modem 和 ADSL

（一）Cable Modem

电缆调制解调器（Cable Modem）是利用有线电视网进行数据传输的宽带接入技术。Cable Modem 与普通的电话调制解调器原理大致相同，都是将数据进行调制后在电缆的一个频率范围内传输，接收时再进行调解。Cable Modem 除了提供视频信号业务外，还能提供语音、数据等宽带多媒体信息业务。Cable Modem 的速率有两种：对称的和不对称的。前者的速率为 500kbps ～

2Mbps；后者的下行速率高于上行速率，下行速率范围为 2kbps ～ 40Mbps，上行速率范围为 500kbps ～ 20Mbps。

Cable Modem 采用分层树形结构，是一个较粗糙的总线形网络，当线路上用户激增时，其速度将会减慢。此外，它必须兼顾现有的有线电视节目，而占用大部分带宽，其速率会受到影响。

（二）ADSL

非对称数字用户线（Asymmetric Digital Subscriber Line，ADSL）是 DSL 的一种非对称版本，也是一种调制技术。它能在电话线上传输高带宽数据以及多媒体和视频信息，并且允许数据和话音在一根电话线上同时传输。ADSL 技术提供的数据传输速率是不对称的，下行速率为 1.5 ～ 9Mbps，上行速率为 16kbps ～ 1Mbps。

ADSL 中的"非对称"概念是指在电缆中发送（上行信号）和接收（下行信号）的速率是不同的。一般在互联网浏览、视频点播时，上行信号速率要小于下行信号速率，两者之间具有"不对称"特征。

除速率外，ADSL 更为吸引人的地方在于：它在同一铜线上分别传送数据和语音信号，数据信号并不通过电话交换机设备，减轻了电话交换机的负载，并且不需要拨号，一直在线，属于专线上网方式。这意味着使用 ADSL 上网并不需要缴付另外的电话费。

第五节　成果展示

电信管理网络结构比较复杂，通信运行的稳定性与可靠性受多个因素影响。为了确保电信管理网络的通信正常，同时保证网络通信质量，必须建立一个综合性网管系统，利用该系统管理由多个厂商提供的网管，将多个网管统一起来，集中管理，切实保证数据通信综合网管系统运行的有效性，实现电信管理网络的统一维护。

一、电信管理网络的简介

电信管理网络，英文简称 TMN。此概念由国际电信联盟电信委员会提出，汲取了传统网络优势，并引进新理念和新技术，在传统网络结构上进行优化，克服了多厂商混合网络环境下电信运营所面临的难题，实现了多家网管系统之间的互联与互通，达到了降低电信运营成本的目的。

从系统功能上分析，TMN 的主要功能有网络性能管理、运行故障管理、运营安全管理、账务管理以及资源配置管理，且各项管理功能均分布在与之相应的业务逻辑分层中。TMN 的逻辑分层包括五个部分，分别为事物管理层、业务管理层、网络管理层、网元管理层以及网元层。TMN 网络的逻辑分层具有良好的模块性与层次性，结构构造相对复杂，实际运行时容易发生故障，所以需要另建网络管理系统对电信管理网络进行管理，确保网络通信的正常。

二、数据通信综合网管系统的架构

数据通信综合网管系统，简称 DCINMS，是一种依据 TMN 逻辑分层思想设计出的一套综合网管系统，其作用是将 TMN 系统中的管理性能合理分配到 DCINMS 的业务应用层、核心服务层以及接口适配层中，然后由客户端、服务器和接口机来对综合网管系统的三个逻辑分层进行管理，实现电信通信网络的正常运行。

（一）系统架构的分层设计

为了探讨电信管理网络的设计方法，相关设计人员参考 TMN 逻辑分层结构设计理念，同时结合数据通信网管的运行需求，绘制出了相应的 DCINMS 系统架构。该系统架构由数据通信接口、业务应用层、核心服务层、接口适配层以及网元层五个部分共同构成，并利用五个逻辑分层的优势对 DCINMS 进行了优化，使得该系统结构变得更加简单，管理效率也变得更高。该种分层设计思想在实践之后，通过简化系统的方法让系统升级变得更加简单，扩展与变更变得更容易实现，大大降低了电信管理网络的运营成本，为电信企业创造了更大的经济利益。

（二）DCINMS 系统的层次功能介绍

1. 业务应用层

业务应用层的主要作用是对通信网络中的告警信息、拓扑信息进行管理；对能实现网络系统安全运行的各类资源参数进行配置；对系统内部性能数据、信息资源等进行统计；切实维护好网络客户的使用权限，实现对远程操作系统运行安全的管理。

2. 数据通信接口

顾名思义，数据通信接口主要是负责数据通信资源传达业务的，主要功能是实现系统内部各个逻辑分层之间的正常通信。需要注意的是，不同逻辑分层之间所用到的数据通信技术各不相同，比如业务应用层和核心服务层之间用到的通信技术是超文本传输协议（HTTP），而核心服务层与接口适配层之间用到的通信技术则是公共对象请求代理体系结构（CORBA）技术。

3. 核心服务层

核心服务层是 DCINMS 系统结构逻辑分层中最重要的一个层次，实际能起到的功能作用相当多，包括：利用故障管理模块来分析处理网元告警、性能告警信息；利用性能管理模块来统计、查询性能数据；利用资源管理模块来管理网络配置资源的利用情况；利用安全管理模块来检查用户使用安全与使用权限；利用配置管理模块来配置网络系统的运行参数，等等。这些功能都只能通过核心服务层来实现。

4. 接口适配层

接口适配层主要功能：对各类网元设备的告警数据、性能数据和资源数据进行采集、解析、过滤、转换等，并将处理后的数据上传至服务器；转发服务器向网元发送的操作维护管理请求。

5. 网元层

网元层是数据通信网（IP 网络、ATM 网和 ADSL 网）中所有网元（NE）的集合。

三、数据存储的设计与实现

DCINMS 中主要有三类数据：告警数据、静态数据、性能数据。告警数据主要包括网元告警数据、网络性能告警数据和 DCINMS 的自身告警数据。静态数据主要包括 DCINMS 的各种运行参数和数据通信网的各类资源数据。性能数据是指数据通信网中的网络性能数据。

（一）告警数据存储的设计与实现

DCINMS 的告警数据可以分为以下几种状态：新告警、未处理告警、处理中告警和已处理告警。所有的告警数据都保存在告警数据库中，其中新告警、未处理告警和处理中告警需要实时呈现在客户端以实施故障管理。为保证告警信息显示和处理的实效性，按照数据库性能优化的基本原则，DCINMS 采用共享存储技术对需要呈现在客户端的告警数据进行管理。

（二）静态数据存储的设计与实现

静态数据是系统赖以运行的基础，经常被系统中运行的各个线程并发访问，如果频繁地对静态数据库进行访问定将造成系统整体性能的下降。由于静态数据种类多，数据库中存放各类数据的数据表也相应增多，对象与关系表的映射关系十分复杂，所以采用了对象关系映射框架（Hibernate）中间件技术来实现静态数据的共享存储，以提高系统的性能。

（三）性能数据存储的设计与实现

在 DCINMS 中，与其他两类数据相比，性能数据最显著的特点是数据量特大。例如：某市局的数据通信网中 ADSL 设备有 400 台，每台设备的物理端口 1000 个，逻辑端口 1000 个，每 5 分钟采集一条性能数据，则每天的数据采集量为 23040 万条。面对如此庞大的性能数据量，无论是数据库的负载要求还是对其存储与访问的效率影响都十分大。因此 DCINMS 采用了分布式分表分级存储的方式来实现性能数据的存储，以完成性能数据的高效存取。

DCINMS 能够很好地实现对数据通信网的监控、管理和维护等目标，具有良好的稳定性、可维护性、可扩展性和高效性。

第三章　计算机网络技术应用

第一节　计算机网络概述

计算机网络（Computer Network）是利用通信线路和通信设备，把分布在不同地理位置的具有独立功能的多台计算机、终端及其附属设备互相连接，按照网络协议进行数据通信，通过功能完善的网络软件实现资源共享的计算机系统的集合。它是计算机技术与通信技术相结合的产物。

一、计算机网络的基础知识

（一）计算机网络的发展

计算机网络诞生于 20 世纪 50 年代中期；20 世纪 60—70 年代是广域网从无到有并得到大发展的年代；20 世纪 80 年代局域网取得了长足的发展，并日趋成熟；进入 20 世纪 90 年代，一方面广域网和局域网紧密结合使得企业网络迅速发展，另一方面因为建造了覆盖全球的信息网络——互联网，为在 21 世纪进入信息社会奠定了基础。

计算机网络的发展经历了一个从简单到复杂，又到简单（指入网容易、使用简单、网络应用大众化）的过程。计算机网络的发展经过了四个阶段：

1. 面向终端的计算机网络

面向终端的计算机网络是具有通信功能的主机系统，即所谓的联机多用户系统。其基本结构是由一台中央主计算机连接大量的且在地理位置上处于分散的终端构成的系统。例如，在 20 世纪 60 年代初，美国建成了全国性航空飞机订票系统，用一台中央计算机连接 2000 多个遍布美国各地的终端，系统中只有主计算机具有独立的处理数据的功能，用户通过终端进行操作。这些应用系统的建立，构成了计算机网络的雏形。

在这种系统中，一端是没有处理能力的终端设备（如由键盘和显示器构成的终端机），它只能发出请求让另一端做什么，另一端是具有计算能力的主机，可以同时处理多个远方终端传来的请求。其缺点在于：主机负荷较重；通信线路的利用率低；属于集中控制方式，可靠性低。

2. 共享资源的计算机网络

共享资源的计算机网络呈现出的是多个计算机处理中心的特点，各计算机通过通信线路连接，相互交换数据、传送软件，实现了网络中所连接的计算机之间的资源共享。这样就形成了以共享资源为目的的第二代计算机网络。它的典型代表是美国国防部协助开发的 ARPA 网络（ARPAnet）。ARPA 网络的建成标志着现代计算机网络的诞生，同时也使计算机网络的概念发生了根本性的变化，很多有关计算机网络的基本概念都与 APRA 网的研究成果有关，如分组交换、网络协议、资源共享等。

3. 标准化的计算机网络

1984 年，国际标准化组织（ISO）正式颁布了一个使各种计算机互联成网的标准框架——开放系统互联参考模型（Open System Interconnection Reference Model，OSI）。在 20 世纪 80 年代中期，人们以 OSI 模型为参考，开发制定了一系列协议标准，形成了一个庞大的 OSI 基本协议集。OSI 标准确保了各厂家生产的计算机和网络产品之间的互联，推动了网络技术的应用和发展。这就是所谓的第三代计算机网络。

4. 国际化的计算机网络

在 20 世纪 90 年代，计算机网络技术得到了迅猛的发展。特别是 1993 年美国宣布建立国家信息基础设施（National Information Infrastructure，NII）后，全世界许多国家纷纷制定和建立本国的 NII，从而极大地推动了计算机网络技术的发展。由 ARPAnet 研究而产生的一项非常重要的成果就是 TCP/IP 协议，使得连接到网上的所有计算机能够相互交流信息。目前，全球以互联网为核心的高速计算机网络已经形成，成为人类最重要的、最大的知识宝库。

（二）计算机网络的定义

目前对计算机网络比较公认的定义：计算机网络是指在网络协议控制下，通过通信设备和线路来实现地理位置不同且具有独立功能的多个计算机系统之间的连接，并通过功能完善的网络软件（网络通信协议、信息交换方式及网络操作系统等）来实现资源共享的计算机系统。其中，资源共享是指在网络系统中的各计算机用户均能享受网络内其他计算机系统中的全部或部分资源。

（三）计算机网络的分类

计算机网络分类的标准很多：按拓扑结构分，有星形、总线型、环形、网状形等；按使用范围分，有公用网和专用网；按传输技术分，有广播式与点式网络；按交换方式分，有报文交换与分组交换等。事实上这些分类标准都只能给出网络某方面的特征，不能确切地反映网络技术的实质。目前比较公认的能反映网络技术本质的分类方法是按网络的分布距离来分类，因为在网络的距离、速度和技术三大因素中，距离影响速度，而速度的快慢又受技术好坏的影响。计算机网络按分布距离可分为局域网（LAN）、城域网（MAN）和广域网（WAN）。

1. 局域网

局域网作用范围小，分布在一个房间、一个建筑物或一个企事业单位内。其地理范围在 10m ～ 1km，传输速率在 1Mbps 以上。目前常见局域网的速率有 10Mbps、100Mbps 和 1000Mbps。局域网技术成熟，发展快，是计算机网络中最活跃的领域之一。

2. 城域网

城域网作用范围为一个城市，地理范围为 5 ～ 10km，传输速率在 1Mbps 以上。

3. 广域网

广域网作用的范围很大，可以是一个地区、一个省、一个国家及跨国集团，地理范围一般在 10km 以上，传输速率较低（小于 0.1Mbps）。

（四）网络的基本功能

计算机网络的功能很多，主要功能有以下几方面：

1. 资源共享

计算机网络的资源共享是计算机联网的主要目的，共享资源包括软件、硬件和信息资源。

软件资源包括各种语言、服务程序、应用程序和工具，通过联网可以实现软件资源共享。例如，网上用户可以将其他计算机上的软件下载到自己的计算机上使用，或将自己开发的软件发布到网上，供其他用户使用。

硬件资源共享是指网上用户可以共享网上的硬件设备，特别是一些特殊设备或价格昂贵的设备，如大型主机、高速打印机、海量打印机、海量存储器等。

信息资源共享是指网上用户可以共享网中公共数据库中的信息。网上的信息服务正成为一种新的服务行业而蓬勃发展。连入互联网上的用户，可以享受全球范围的信息检索、信息发布、电子邮件等多种服务。

2. 数据通信

数据通信可以为网络用户提供强有力的通信手段，让分布在不同地理位置的计算机用户之间能够相互通信，交流信息，如电子邮件、BBS 等。网络为他们的合作，如计算机支持协同工作成为可能。

3. 分布式处理

在网络的支持下，网内的多个系统间可以实现分布式处理，即多个系统协同工作，均衡负荷，共同完成某一处理工作。例如，将一项复杂的任务划分成若干子模块，不同的子模块同时运行在网络中不同的计算机上，使其中的每一台计算机分别承担某一部分的工作，多台计算机连成一个具有高性能的计算机系统，由它解决大型问题，大大提高了整个系统的效率和功能。

二、计算机网络的组成

根据网络的定义，一个典型的计算机网络系统由硬件、软件和协议三部分组成。硬件由主体设备、连接设备和传输介质三大部分组成。软件包括网络操作系统和应用软件。协议即网络中的各种协议。

（一）计算机网络硬件

1. 主计算机

主计算机负责数据处理和网络控制，并构成网络的主要资源。主计算机又称主机，主要由大型机、中小型机和高档微机组成，网络软件和网络的应用服务程序主要安装在主机中，在局域网中主机又被称为服务器（Server）。

在网络设备中，一些计算机或设备应其他计算机的请求而提供服务，使其他计算机通过它共享系统资源，这样的计算机或设备称为服务器。它是网络中心的核心设备，它运行网络操作系统（NOS），负责网络资源管理和网络通信，并按网络客户的请求为其提供服务。

服务器按它提供的服务可划分为如下三种基本类型：

①文件服务器。在局域网中文件服务器掌握着整个网络的命脉，一旦文件服务器出现故障，整个网络就可能瘫痪。它的主要功能是为用户提供网络信息共享，实施文件的权限管理，对用户访问进行控制及提供大容量的磁盘存储空间等。

②应用服务器。它用来存储可执行的应用程序软件，为网络用户提供特定的应用服务。例如，通信服务器可让多个用户共享一条通信链路与网络交换信息，还能极大地减少局域网硬件方面的投资；域名服务器则用于在互联网上将计算机域名转换成对应的 IP 地址；数据库服务器是数据库的核心，提供大容量的信息检索等。

③打印服务器。它将打印设备提供给网络其他用户实行打印设备的共享。

2. 客户机

客户机是网络用户入网操作的节点，如一般的 PC。它既能作为终端使用又可作为独立的计算机使用，为用户提供本地服务；也可以联网使用，供用户在更大范围请求网络系统服务，被称为工作站。

3. 传输介质

传输介质是传输数据信号的物理通道，将网络中各种设备连接起来。传输介质性能的好坏对传输速率、通信的距离、可连接的网络节点数目和数据传输的可靠性等均有很大的影响。因此，要根据不同的通信要求，合理地选择传输介质。

4. 网络互连设备

网络互连设备是用来实现网络中各计算机之间的连接、网与网之间的互联、数据信号的变换以及路由选择等功能，主要包括集线器（Hub）、交换机（Switch）、调制解调器（Modem）、网桥（Bridge）、路由器（Router）、网关（Gateway）等。

（二）计算机网络软件

网络软件，一方面授权用户对网络资源的访问，帮助用户方便、安全地使用网络，另一方面管理和调度网络资源，提供网络通信和用户所需的各种网络服务。网络软件一般包括网络操作系统、网络协议、通信软件以及管理和服务软件等。

网络操作系统（NOS）是网络系统管理和通信控制软件的集合，它负责整个网络的软、硬件资源的管理以及网络通信和任务的调度，并提供用户与网络之间的接口。

（三）计算机网络协议

所谓计算机网络协议，就是指为了使网络中的不同设备能进行正常的数据通信，预先制定的一整套通信双方相互了解和共同遵守的格式和约定。协议对于计算机网络而言是非常重要的，可以说没有协议，就不可能有计算机网络。协议是计算机网络的基础。

在互联网上传送的每个消息至少通过三层协议：网络协议（Network Protocol），它负责将消息从一个地方传送到另一个地方；传输协议（Transport Protocol），它管理被传送内容的完整性；应用程序协议（Application Protocol），作为对通过网络应用程序发出的一个请求的应答，它将传输的消息转换成人类能识别的内容。

一个网络协议主要由语法、语义、时序三部分组成。

语义："讲什么"，即需要发出何种控制信息、完成何种动作以及做出何种应答。

语法："如何讲"，即数据与控制信息的结构和格式，包括数据格式、编码及信号电平等。

时序："应答关系"，即对有关事件实现顺序的详细说明，如速度匹配、排序等。

三、网络的体系结构和 OSI 参考模型

计算机网络是个非常复杂的系统。假设我们有两台连接在网络上的计算机需要传输文件，作为发送数据的计算机必须完成下列工作：

①必须先和对方计算机建立联系，使对方有所准备，协商细节。

②要使网络能够识别接收数据的计算机，不会把数据发送到错误的地方去。

③需要确认对方是否已经准备好接收数据。

④需要确认对方计算机文件系统是否准备好接收文件。

⑤需要确认双方数据的格式是否相同，如果不同的话如何转换。

⑥需要准备好处理意外事故，如数据传输错误、重复或者丢失，网络中某个结点出现故障等，采取某种措施保证对方能正确可靠地收到文件。

（一）OSI 基本参考模型

1984 年，ISO 制定了一个能够使各种计算机在世界范围内互联的标准框架，即 OSI。它的最大特点是，不同厂家的网络产品，只要遵照这个参考模型，就可以实现互联。也就是说，任何遵循 OSI 标准的系统，只要物理上可以和世界上任何地方的任何系统连接起来，它们之间就可以互相通信。

在这个模型里面，网络的实现被分成了七层，也就是建立了七层协议的体系结构，从下到上分别为物理层、数据链路层、网络层、传输层、会话层、表示层和应用层。

（二）OSI 各层功能

1. 物理层

物理层只处理二进制信号 0 和 1，0 和 1 被编码成为电信号、光信号等。物理层必须处理电气和机械的特性、信号的编码和电压、物理连接器的规范等。例如，必须对使用电缆的长度、阻抗做出明确的规定；对电缆如何传输信号、使用哪一种编码进行明确的规定等。

2. 数据链路层

二进制信号流被组织成数据链路协议数据单元（通常称为帧），并以其为单位进行传输，帧中包含地址、控制、数据及校验码等信息。数据链路层的主要作用是通过校验、确认和反馈重发等手段，将不可靠的物理链路改造成对网络层来说无差错的数据链路。数据链路层还要协调收发双方的数据传输速率，即进行流量控制，以防止接收方因来不及处理发送方发送过来的高速数据而导致缓冲器溢出及线路阻塞。

3. 网络层

网络层在发送数据时，首先根据逻辑地址判断接收方是否位于本地网络，如果在本地，就直接把数据单元交给数据链路层作为数据处理；如果在远程网络上，就发送给路由器，由路由器寻找所连接的多个网络中最合理的路径，把数据一站一站地发送到远程网络上去。当然，计算机到本地路由器上的数据发送，也是使用数据链路层将网络层数据包作为数据发送的。

网络层需要进行拥塞控制，网络各节点的网络层彼此协商，防止和缓解拥塞现象。

4. 传输层

只有网络层和数据链路层的数据传输是不可靠的，数据发送以后不一定能够正确无误地到达目的地，这种数据传输称为无连接的数据传输。传输层提供了面向连接的数据传输，在这种传输模式下，双方计算机首先需要建立一种虚拟的连接，好像双方中间有一条单独的物理线路一样，数据就像水流在管道中一样"流"过去。这种面向连接的数据传输方法能够确保数据正确地到达目的地。当然，传输层的该功能是通过网络层实现的，双方需要不停地协商，发现错误、丢失数据包以后就重发，直到数据正确到达目的地。

传输层也提供了无连接的数据传送服务，用于对性能要求较高而对可靠性要求不高的场合。比如视频、声音信号的网络传送，对速度的稳定性要求较高，

而对传输过程中偶尔发生的传输失败或错误能够容忍，这样的应用使用无连接的服务就非常合适。

传输层的数据单元最后作为数据交给网络层发送出去。

5. 会话层

会话层负责管理和建立会话，也处理系统之间不同服务的请求同步，对系统间请求的响应进行管理。组织和同步进程之间的会话就是允许双向同时进行或任何时刻只有一方可以发送，即双工或单工传输。在单工的情况下，由会话层管理和协调双方哪一方发送数据。

6. 表示层

为上层用户提供共同的数据或信息的语法表示变换。为了让采用不同编码方法的计算机在通信中能相互理解数据的内容，可以采用抽象的标准方法来定义数据结构，并采用标准的编码表示形式。表示层管理这些抽象的数据结构，并将计算机内部的表示形式转换成网络通信中采用的标准表示形式。数据压缩和加密也是表示层可提供的表示变换功能。

7. 应用层

应用层不是指 Word、Excel 等应用软件，而是指一些直接为这些使用网络服务的软件提供网络服务的接口和方法。例如，使用文件传输协议（FTP）服务进行文件传输的具体方法和显示网页的方法和细节等。它直接与用户进程相接，完成与用户进程之间的信息交换。

通过上面对 OSI 参考模型各层的介绍，不难发现，它并没有定义各层的具体协议，没有具体讨论编程语言、操作系统、应用程序和用户界面，只是描述了每一层的功能。

网络分层可以将复杂的技术问题简化为一些比较简单的问题去处理，从而使网络的结构具有较大的灵活性。同时网络分层还使得网络互联变得规范和容易。因为网络的互联在多数情况下是异种网络的互联，如局域网的互联、局域网与广域网的互联等。而这些不同的网络执行的是不同的协议，其操作系统和接口也不同，其间的联网极其复杂。而 OSI 参考模型的一个成功之处在于，它清晰地分开了服务、接口和协议这三个容易混淆的概念：服务描述了每一层的功能；接口定义了某层提供的服务如何被高层访问；而协议是每一层功能的实现方法。通过区分这些抽象概念，OSI 参考模型将功能定义与实现细节区分开来，使网络具有普遍的适应能力。

第二节　局域网与广域网

一、局域网技术

所谓局域网（Local Area Network，LAN），是指范围在几十米到几千米内的办公楼群或校园内的计算机互联所构成的计算机网络。每个局域网可以容纳几台至几千台计算机。按局域网现在的特性看，它已经被广泛应用于校园、工厂及企事业单位的个人计算机或工作站的组网方面。

（一）局域网的定义

为了完整地给出局域网的定义，必须使用两种方式：一种是功能性定义，另一种是技术性定义。

前一种将局域网定义为一组台式计算机和其他设备，在地理范围上彼此相隔不远，以允许用户相互通信和共享诸如打印机和存储设备之类的计算资源的方式互联在一起的系统。这种定义适用于办公环境下的局域网、工厂和研究机构中使用的局域网。

就局域网的技术性定义而言，它被定义为由特定类型的传输媒体（如电缆、光缆和无线媒体）和网络适配器（亦称为网卡）连接在一起的计算机，并受网络操作系统监控的网络系统。

（二）局域网的主要特点和功能

局域网是结构复杂程度最低的计算机网络，是在同一地点上经网络连在一起的一组计算机。局域网通常距离很近，它是目前应用最广泛的一类网络，通常将具有如下特征的网络称为局域网：

①网络所覆盖的地理范围比较小。

②信息的传输速率比较高。

③网络的经营权和管理权属于某个单位。

局域网的出现，使计算机网络的优势获得更充分的发挥，在很短的时间内计算机网络就深入各个领域。因此，局域网技术是目前非常活跃的技术领域，并极大地推进了信息化社会的发展。

尽管局域网是最简单的网络，但这并不意味着它们必定是小型的或简单的。局域网可以变得相当大或复杂，配有成百上千用户的局域网是很常见的事。

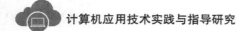

局域网的主要功能与计算机网络的基本功能类似，但是局域网最主要的功能是实现资源共享和相互的通信交往。局域网通常可以提供以下主要功能。

1. 资源共享

（1）软件资源共享

为了避免软件的重复投资和重复劳动，可以共享网络上的系统软件和应用软件。

（2）硬件资源共享

在局域网上，为了减少或避免重复投资，通常将激光打印机、绘图仪、大型存储器、扫描仪等贵重的或较少使用的硬件设备共享给其他用户。

（3）数据资源共享

为了实现集中、处理、分析和共享分布在网络上的各计算机用户的数据，一般可以建立分布式数据库，同时网络用户也可以共享网络内的大型数据库。

2. 通信交往

（1）数据、文件的传输

局域网所具有的最主要功能就是数据和文件的传输，它是实现办公自动化的主要途径，通常不仅可以传递普通的文本信息，还可以传递语音、图像等多媒体信息。

（2）电子邮件

局域网邮局可以提供局域网内的电子邮件服务，它使得无纸办公成为可能。网络上的各个用户可以接收、转发和处理来自单位内部和世界各地的电子邮件，还可以使用网络邮局收发传真。

（3）视频会议

使用网络，可以召开在线视频会议。例如，召开教学工作会议，所有的会议参加者都可以通过网络面对面地交谈，讨论会议精神，节约了人力、物力。

（二）决定局域网特征的主要技术

在局域网设计中，考虑的主要因素是能够在较小的地理范围内更好地运行，提高资源利用率和信息安全性，易于操作和维护等。这些因素决定了局域网的技术特点。

局域网的特性主要由三个要素决定，即拓扑结构、传输介质和介质访问控制方式。

1. 拓扑结构

计算机网络的组成元素可以分为两大类，即网络节点（又可分为端节点和转发节点）和通信链路。网络中节点的互联模式称为网络的拓扑结构。拓扑结构这个名词来源于拓扑学。拓扑学是一种研究与大小、距离无关的几何图形特征的方法。在计算机网络中通常采用拓扑学的方法，分析网络单元彼此互联的形状与其性能的关系，从而实现网络的最佳布局。在局域网中常用的拓扑结构有总线型结构、环形结构、星形结构。

（1）总线型结构

总线型拓扑结构采用单根传输线作为传输介质，所有的站点都通过相应的硬件接口直接连接到传输介质或者总线上。任何一个站点发送的信号都可以沿着介质传播，而且能被其他所有站点接收。

总线型拓扑结构的优点：电缆长度短，易于布线和维护，结构简单；传输介质是无源元件，从硬件的角度看，十分可靠。

总线型拓扑结构的缺点：因为这种结构的网络不是集中控制的，所以故障检测需要在网络中的各个站点上进行；在扩展总线的干线长度时，需重新配置中继器、剪裁电缆、调整终端器等；总线上的站点需要介质访问控制功能，这就增加了站点的硬件和软件费用。

在总线型拓扑结构中，局域网的各个节点都连接到一个单一连续的物理线路上。由于各个节点之间通过电缆直接相连，因此，总线型拓扑结构所需要的电缆长度是最短的。但是，由于所有节点都在同一线路上进行通信，任何一处故障都会导致所有的节点都无法完成数据的发送和接收。

常见的使用总线型拓扑的局域网有以太网（Ethernet）、弧网（ARCnet）和令牌总线（Token Bus）。

总线型拓扑结构的一个重要特征就是可以在网中广播信息。网络中的每个站几乎可以同时"收到"每一条信息。这与下面要讲到的环形网络形成了鲜明的对比。

总线型结构网是一种针对小型办公环境的成熟而又经济的解决方案。

（2）环形结构

环形拓扑结构是由连接成封闭回路的网络节点组成的，每一个节点与它左右相邻的节点连接。环形网络常使用令牌环来决定哪个节点可以访问通信系统。在环形网络中信息流只能是单方向的，每个收到信息包的站点都向它的下游站点转发该信息包。信息包在环形网络中"旅行"一圈，最后由发送站进行回收。当信息包经过目标站时，目标站根据信息包中的目标地址判断出自己是接收站，并把该信息复制到自己的接收缓冲区中。为了决定环上的哪个站可以发送信息，平时在环上流通着一个叫令牌的特殊信息包，只有得到令牌的站才可以发送信息，当一个站发送完信息后就把令牌向下传送，以便下游的站点可以得到发送信息的机会。环形拓扑结构的优点是它能高速运行，而且避免冲突的结构相当简单。

在环形拓扑结构中，连接网络中各节点的电缆构成一个封闭的环，信息在环中必须沿每个节点单向传输，因此，环中的任何一段发生故障都会使各站之间的通信受阻。所以在某些环形拓扑结构中，在各站点之间连接了一个备用环，当主环发生故障时，由备用环继续工作。

环形拓扑结构并不常见于小型办公环境中，这与总线型拓扑结构不同。因为总线型结构中所使用的网卡较便宜而且管理简单，而环形结构中的网卡等通信部件比较昂贵且管理复杂得多。环形结构在以下两种场合中比较常见：一是工厂环境中，因为环形结构的抗干扰能力比较强；二是有许多大型机的场合，采用环形结构易于将局域网用于大型机网络中。

（3）星形结构

星形拓扑结构是由通过点到点链路接到中央节点的各站点组成的。星形网络中有一个唯一的转发节点（中央节点），每一台计算机都通过单独的通信线路连接到中央节点。

星形拓扑结构的优点：利用中央节点可方便地提供服务和重新配置网络；单个连接点的故障只影响一个设备，不会影响全网，容易检测和隔离故障，便于维护；任何一个连接只涉及中央节点和一个站点，因此，控制介质访问的方法很简单，从而访问协议也十分简单。

星形拓扑结构的缺点：每个站点直接与中央节点相连，需要大量电缆，因此费用较高；如果中央节点产生故障，则全网不能工作，所以对中央节点的可靠性和冗余度要求很高。

在星形拓扑结构中，网络中的各节点都连接到一个中心设备上，由该中心设备向目的节点传送信息。

星形拓扑结构方便了对大型网络的维护和调试，对电缆的安装检验也相对容易。由于所有工作站都与中心节点相连，因此，在星形拓扑结构中移动某个工作站十分简单。

目前流行的星形结构网络主要有两类：一类是利用单位内部的专用小交换

机（PABX）组成局域网，在本单位内为综合语音和数据的工作站交换信息提供信道，还可以提供语音信箱和电话会议等业务，是局域网的一个重要分支；另一类是利用集线器（Hub）连接工作站的网络，是办公局域网的一个发展方向。

2. 传输介质与传输形式

（1）传输介质

网络中各站点之间的数据传输必须依靠某种传输介质来实现。传输介质的种类很多，适用于局域网的介质主要有双绞线、同轴电缆和光纤三类。另外，还有通过大气的各种形式的电磁传播，如微波、红外线和激光等。

1）双绞线

双绞线是把两根绝缘铜线拧成有规则的螺旋形而制成的一种通用配线。双绞线的抗干扰性较差，易受各种电信号的干扰，可靠性差。若把若干对双绞线集成一束，并用结实的保护外皮包住，就形成了典型的双绞线电缆。把多个线对扭在一块可以使各线对之间或其他电子噪声源的电磁干扰最小。

用于网络的双绞线和用于电话系统的双绞线是有区别的。

双绞线主要分为两类，即非屏蔽双绞线（UTP）和屏蔽双绞线（STP）。

电信工业联盟/电子工业联盟（EIA/TIA）为非屏蔽双绞线制定了布线标准，该标准包括五类UTP。

1类线：可用于电话传输，但不适合数据传输，这一级电缆没有固定的性能要求。

2类线：可用于电话传输和最高为4Mbps的数据传输，包括4对双绞线。

3类线：可用于最高为10Mbps的数据传输，包括4对双绞线，常用于双绞线以太网。

4类线：可用于16Mbps的令牌环网和大型双绞线以太网，包括4对双绞线。其测试速度可达20Mbps。

5类线：可用于100Mbps的快速以太网，包括4对双绞线。

双绞线使用RJ-45接头来连接计算机的网卡或集线器等通信设备。

2）同轴电缆

同轴电缆是由一根空心的外圆柱形的导体围绕着单根内导体构成的。内导体为单芯实心或多芯硬质铜线电缆，外导体为硬金属或金属网。内外导体之间有绝缘材料隔离，外导体外还有外皮套或屏蔽物。

同轴电缆可以用于长距离的电话网络、有线电视信号的传输通道及计算机局域网络。50Ω的同轴电缆可用于数字信号发送，称为基带；75Ω的同轴电缆可用于频分多路转换的模拟信号发送，称为宽带。在抗干扰性方面，对于较高的频率，同轴电缆优于双绞线。

3）光缆

光缆是采用超纯的熔凝石英玻璃拉成的比人的头发丝还细的光芯构成的。典型的做法是在给定的频率下，以光的出现和消失分别代表两个二进制数字，就像在电路中以通电和不通电表示二进制数一样。光纤通信就是通过光导纤维传递光脉冲进行通信的。

光导纤维内芯外包一层玻璃同心层构成圆柱体包层，包层比导芯的折射率低，使光线全反射至内芯内，经过多次反射，达到传导光波的目的。每根光纤只能单向传送信号，因此光缆中至少包括两条独立的内芯，一条用于发送，另一条用于接收。一根光缆可以包括两根至数百根光纤，并用加强芯和填充物来提高其机械强度。

光导纤维可以分为多模光纤和单模光纤两种。

①多模光纤。只要到达光纤表面的光线的入射角大于临界角，便会产生全反射，因此可以有多条入射角度不同的光线同时在一条光纤中传播，这种光纤称为多模光纤。

②单模光纤。如果光纤内芯的直径很小（一般为9μm或10μm），只能传输一种模式的光，光纤就成了一种波导管，光线则不必经过多次反射式的传播，而是一直向前传播，这种光纤称为单模光纤。

在使用光导纤维的通信系统中采用两种不同的光源，即发光二极管（LED）和注入式激光二极管（ILD）。发光二极管在电流通过时产生可见光，价格便宜，多模光纤多采用这种光源。注入式激光二极管产生的激光的定向性好，多用于单模光纤，但其价格昂贵。

光纤的优点如下：

①光纤有较大的带宽，通信容量大。

②光纤的传输速率高。

③光纤的传输衰减小，连接的范围更广。

④光纤不受外界电磁波的干扰，因而电磁绝缘性能好，适宜在电气干扰严重的环境中应用。

⑤光纤无串音干扰，不易被窃听和截取数据，因而安全保密性好。

光纤的很多优点使得它在远距离通信中起着重要作用。目前，光缆通常用于高速的主干网络。

4）无线介质

通过大气传输电磁波的三种主要技术是微波、红外线和激光。这三种技术都需要在发送方和接收方之间有一条通路。由于这些设备工作在高频范围内（微波工作在 300MHz ～ 300GHz），因此有可能实现很高的数据传输速率。三种无线介质中红外线和激光都对环境干扰特别敏感，而微波对环境干扰不敏感。微波的方向性要求不强，因此存在着窃听、插入和干扰等一系列不安全问题。

（2）传输形式

局域网的传输形式有基带传输与宽带传输两种。

1）基带传输

在数据通信中，表示计算机二进制的比特序列的数字数据信号是一种矩形电脉冲，我们把这种矩形电脉冲信号的固有频率称为基本频带，简称基带。这种矩形电脉冲信号就称为基带信号。能通过这种矩形电脉冲信号的通信信道称为数字通信信道。在信道上直接传输基带信号的方式就称为基带传输。

2）宽带传输

宽带传输又称为频带传输或模拟传输。将基带信号进行调制后形成的频分复用模拟信号称为频带信号或宽带信号，在信道上传输宽带信号的方式就称为宽带传输。

3. 介质访问控制方式

传输介质、拓扑结构和介质访问的控制方式决定了局域网传输数据的类型、网络的响应时间、吞吐量和利用率，以及网络应用等各种网络特性。其中，最重要的是介质访问控制方法，它对网络特性有着十分重要的影响。下面将详细讨论用于局域网的三种典型的介质访问控制方法，即载波侦听多路访问 / 冲突监测（Carrier Sense Multiple Access/ Collision Detection，CSMA/ CD）、令牌环（Token Ring）和令牌总线（Token Bus）。

（1）CSMA/ CD 访问控制方法

CSMA/ CD 是采用争用技术的一种介质访问控制方法，可以翻译为"载波监听多路访问 / 冲突检测"，或"带有冲突检测的载波监听多路访问"。所谓载波侦听（Carrier Sense），是指网络上各个工作站在发送数据前都要侦听总线上有没有数据传输。若有数据传输（称总线为忙），则不发送数据；若无数据传输（称总线为空），则立即发送准备好的数据。所谓多路访问（Multiple Access），是指网络上的所有工作站使用同一条总线收发数据，并且发送数据是广播式的。所谓冲突（Collision），是指若网上有两个或两个以上工作站同时发送数据，在总线上就会产生信号的混合，哪个工作站都辨别不出真正的数据是什么。这种情况称为数据冲突，又称碰撞。为了减少冲突发生后的影响，工作站在发送数据的过程中还要不停地检测自己发送的数据，有没有在传输过程中与其他工作站的数据发生冲突，这就是冲突检测（Collision Detected）。

CSMA/CD方法基于以下过程：

①假如介质是空闲的，则发送。

②若介质忙，则继续侦听，直到介质空闲，立即发送。

③若在发送过程中检测到冲突发生，则立即停止发送，并向总线上发一串阻塞信号，通知总线上的各站冲突已发生。这样可避免因白白传送已损坏的帧而浪费信道容量。

④发送一串阻塞信号后，等待一段随机时间，再重新尝试发送。在上述算法过程的实施中，必须考虑和确定以下两个重要的时间：

第一，冲突检测时间。为了确保在传输结束前检测到冲突，需要采用足够长的帧，否则，CSMA/CD系统将由于冲突未被检测到而导致错误。也正因为这样，冲突检测时间才被用来确定最小帧长度，同时它也影响着冲突站点应等待的随机时间的取值。

第二，检测到冲突并发完阻塞信号后，为了降低再次冲突的概率所需要等待的随机时间。

CSMA/CD协议的工作过程通常可以概括为先听后发、边听边发、冲突停发、随机重发。

在采用CSMA/CD协议的总线LAN中，各节点通过竞争的方法强占对媒体的访问权，出现冲突后，必须延迟重发。因此，节点从准备发送数据到成功发送数据的时间是不能确定的，它不适合传输对时延要求较高的实时性数据。

CSMA/CD协议的特点是结构简单、网络维护方便、增删节点容易，网络在轻负载（节点数较少）的情况下效率较高。但是随着网络中节点数量的增加，传递信息量增大，即在重负载时，出现冲突的概率增加，总线LAN的性能就会明显下降。

（2）令牌环访问控制方法

令牌环（Token Ring）上传输的小数据（帧）称为令牌，令牌环介质访问控制方法是通过在环型网上传递令牌的方式来实现对介质的访问控制的。只有当令牌传送至环中的某个站点时，它才能利用环路发送或接收信息。当环线上的各站都没有帧发送时，令牌标记为01111111，称为空标记。当一个站要发送帧时，需等待令牌通过，并将空标记换为忙标记 01111110，紧跟着令牌，用户站把数据帧发送至环上。因为是忙标记，所以其他站不能发送帧，必须等待。

发送出去的帧将随令牌沿环路传送下去。循环一周又回到原发送站点时，由发送站将该帧从环上移去，同时将忙标记换为空标记，令牌传至后面的站点，使之获得发送的许可权。发送站在从环中移去数据帧的同时还应检查接收站载入该帧的应答信息，若为肯定应答，则表明发出去的帧已被正确接收，完成发送任务；若为否定应答，说明对方未能正确收到所发送的帧，原发送站点需在带空标记的令牌第二次到来时，重发此帧。采用发送站从环上收回帧的策略，不仅具有对发送站自动应答的功能，而且还具有广播特性，即可有多个站点接收同一数据帧。

接收帧的过程与发送帧不同，当令牌及数据帧通过环上的站点时，该站将帧携带的目标地址与本站地址相比较。若地址符合，则将该帧复制下来放入接收缓冲器，待接收站正确接收后，即在该帧上载入肯定应答信号；若不能正确接收，则载入否定应答信号，之后再将该帧送到环上，让其继续向下传送。若地址不符合，则简单地将数据帧重新送入环中。所以当令牌经过某站点而它既不发送信息，又不接收信息时，会稍微延迟再继续向前传送。

令牌环有以下一些特点：

①由于每个节点不是随机的争用信道，不会出现冲突，因此称它是一种确定型的介质访问控制方法，而且每个节点发送数据的延迟时间可以确定。

②采用令牌环的局域网还可以对各节点设置不同的优先级，具有高优先级的节点可以先发送数据。例如，某个节点需要传输实时性的数据，就可以申请高优先级。

③当系统负载较轻时，由于站点需等待令牌到达才能发送或接收数据，因此效率不高。但若系统负载较重，则各站点可公平共享介质，效率较高。使用令牌环介质访问控制方法的网络，需要有维护数据帧和令牌的功能。例如，可能会出现因数据帧未被正确移去而始终在环上循环传输的情况；也可能出现令牌丢失或只允许一个令牌的网络中出现了多个令牌等异常情况。解决这类问题的常用办法是在环中设置监控器，对异常情况进行检测并消除。

令牌环网上的各个站点可以设置成不同的优先级，允许具有较高优先权的站点申请获得下一个令牌权。

（3）令牌总线访问控制方法

令牌总线（Token Bus）访问控制是在物理总线上建立一个逻辑环，令牌在逻辑环路中依次传递，其操作原理与令牌环相同。它同时具有上述两种方法的优点，既具有总线网的接入方便和可靠性较高的优点，也具有令牌环网的无冲突和发送时延有确定的上限值的优点。因此，它是一种简单、公平、性能良好的介质访问控制方法。

总线上的所有节点组成了一个逻辑环，每个节点被赋予一个顺序的逻辑位置。和令牌环一样，节点只有取得令牌才能发送帧，令牌在逻辑环上依次传递。正常运行时，在某个节点发送完数据后，就要将令牌传送给下一个节点。

令牌总线有以下一些特点：

①令牌总线适用于重负载的网络中，数据发送的延迟时间确定，适合于实时性的数据传输等。

②网络管理较为复杂，网络必须有初始化的功能，以生成一个顺序访问的次序。

③令牌总线访问控制的复杂程度高，因此常会出现网络中的令牌丢失，出现多个令牌，将新节点加入环中，从环中删除不工作的节点等问题。

（三）局域网体系结构

20 世纪 60 年代末 70 年代初，广域计算机网络迅速发展，网络体系结构也相对成熟，到了 20 世纪 80 年代初局域计算机网络的标准化工作也迅速发展起来。与广域网相比，局域网的标准化研究工作开展得比较及时。一方面吸取了广域网标准化工作不及时给用户和计算机生产厂家带来困难的教训；另一方面广域网标准化的成果，特别是 ISO ／ OSI 也为局域网标准化工作提供了经验和基础。

国际上开展局域计算机网络标准化研究和制定的机构有：美国电气与电子工程师协会局域网/城域网标准委员会（IEEE 802）、欧洲计算机制造厂商协会（ECMA）（现更名为 Ecma 国际）和国际电工委员会（IEC）等。

其中，IEEE 802 与 ECMA 主要致力于办公自动化与轻工业局域网的标准化研究，而重工业、工业生产过程分布控制方面的局域网标准化工作主要由 IEC 进行。

1.局域网参考模型

局域网是一个通信网。由 OSI 模型的概念可知，其通信子网只有下三层功能。其中，物理层用于在通信中的物理连接及传输媒质上的比特传送，数据链路层用于对信息帧进行传送和控制。由于局域共享传输媒质，其拓扑结构简单，无须进行路由选择和交换功能，而流量控制等功能可以放到数据链路层中去实现，所以网络层可不设置。但按 OSI 观点，网上设备总是连接到网络层的某个服务访问点（SAP）上，网络层又必不可少。

由于局域网的种类繁多，其介质接入、控制的方法也各不相同，远远不像广域网那样简单。为了使局域网中的数据链路层不致过于复杂，应当将局域网链路层划分为两个子层，即介质访问控制（Medium Access Control，MAC）子层和逻辑链路控制（Logical Link Control，LLC）子层，而网络的服务访问点（SAP）则在 LLC 子层与高层的交界面上。

与接入各种传输介质有关的问题都放在 MAC 子层。MAC 子层还负责在物理层的基础上进行无差错的通信。更具体地讲，MAC 子层的主要功能有：

①将上层交下来的数据封装成帧进行发送（接收时进行相反的过程，将帧拆卸）。

②实现和维护 MAC 协议。

③比特差错检测。

④寻址。

数据链路层中与介质接入无关的部分都集中在 LLC 子层。更具体些讲，LLC 子层的主要功能有：

①建立和释放数据链路层的逻辑连接。

②提供与高层的接口。

③差错控制。

④给帧加上序号。

2. IEEE 802 标准

20 世纪 80 年代初期，美国电气和电子工程师学会 IEEE 802 委员会制定出局域网体系结构，即 IEEE 802 参考模型。IEEE 802 标准诞生于 1980 年 2 月，故称为 802 标准。1985 年公布 IEEE 802 标准的 5 项标准文本，同年美国国家标准协会（ANSI）采用其作为美国国家标准，ISO 也将其作为局域网的国际标准，对应标准为 ISO 8802，后又扩充了多项标准文本。

IEEE 802 标准系列主要包含以下部分：

IEEE 802.1A：概述和系统结构。

IEEE 802.1B：寻址，网络管理和网际互联。

IEEE 802.2：逻辑链路控制。

IEEE 802.3：CSMA/ CD 总线访问控制方法及物理层技术规范。

IEEE 802.4：令牌总线访问控制方法及物理层技术规范。

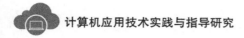

IEEE 802.5：令牌环网访问控制方法及物理层技术规范。

IEEE 802.6：城域网访问控制方法及物理层技术规范。

IEEE 802.7：宽带技术。

IEEE 802.8：光纤技术（FDDI 在 802.3、802.4、802.5 中的使用）。

IEEE 802.9：综合业务数字网（ISDN）技术。

IEEE 802.10：局域网安全技术。

IEEE 802.11：无线局域网。

IEEE 802.12：新型高速局域网（100Mbps）。

对于使用不同传输介质的不同局域网，IEEE 局域网标准委员会分别制定了不同的标准，适用于不同的网络环境。

二、广域网技术

广域网（Wide Area Network，WAN）通常跨接很大的物理范围，它能连接多个城市或国家并能提供远距离通信。现在已有 622Mbps、2.4Gbps 甚至更高速率的广域网，传播延迟可从几毫秒到几百毫秒（使用卫星信道时）。通常广域网的数据传输速率比局域网的数据传输速率低，比局域网的信号的传播延迟时间长得多。

由于广域网比局域网（LAN）和城域网（MAN）覆盖的范围都广，故广域网的通信子网主要使用分组交换技术。广域网的通信子网可以利用公用分组交换网、卫星通信网和无线分组交换网，将分布在不同地区的局域网或计算机系统互联起来，达到资源共享的目的。

（一）广域网的构成

广域网是由许多交换机组成的，交换机之间采用点到点线路连接，几乎所有的点到点通信方式都可以用来建立广域网，包括租用线路、光纤、微波、卫星信道等。而广域网交换机实际上就是一台计算机，有处理器和输入／输出设备进行数据包的收发处理。

广域网一般最多只包含 OSI 参考模型的底下三层，而且目前大部分广域网都采用存储转发方式进行数据交换，也就是说，广域网是基于报文交换或分组交换技术的（传统的公用电话交换网除外）。广域网中的交换机先将发送给它的数据包完整接收下来，然后经过路径选择找出一条输出线路，最后交换机将接收到的数据包发送到该线路上去，以此类推，直到将数据包发送到目的节点。

（二）广域网的特点

广域网的主要特点如下：

①提供面向通信的服务，支持用户使用计算机进行远距离的信息交换。

②覆盖范围广，通信距离远，需要考虑的因素多，如媒体的成本、线路的冗余、媒体带宽的利用和差错处理等。

③由电信部门或公司负责组建、管理和维护，并向全社会提供面向通信的有偿服务、流量统计和计费查询。

（三）虚电路和数据报

广域网可以提供面向连接和无连接两种服务模式。对应于两种服务模式，广域网有两种组网方式，即虚电路（Virtual Circuit）方式和数据报（Datagram）方式。

1. 虚电路和数据报

对于采用虚电路方式的广域网，在源节点与目的节点进行通信之前，首先必须建立一条从源节点到目的节点的虚电路（逻辑连接），然后通过该虚电路进行数据传送，最后当数据传输结束时，释放该虚电路。

在虚电路方式中，每台交换机都维持一个虚电路表，用于记录经过该交换机的所有虚电路的情况，每条虚电路占据其中的一项。在虚电路方式中，其数据报文在其报头中除了序号、校验和其他字段外，还必须包含一个虚电路号。当某台机器试图与另一台机器建立一条虚电路时，首先选择本机还未使用的虚电路号作为该虚电路的标识，同时在该机器的虚电路表中填上一项。由于每台机器（包括交换机）独立选择虚电路号，所以虚电路号仅仅具有局部意义，也就是说，报文在通过虚电路传送的过程中，报文头中的虚电路号会发生变化。

一旦源节点与目的节点建立了一条虚电路，就意味着在所有交换机的虚电路表上都登记有该条虚电路的信息。当两台建立了虚电路的机器相互通信时，可以根据数据报文中的虚电路号，通过查找交换机的虚电路表而得到它的输出线路，进而将数据传送到目的端。当数据传输结束时，必须释放所占用的虚电路表空间，具体做法是由任一方发送一个撤除虚电路的报文，清除沿途交换机虚电路表中的相关项。

虚电路技术的主要特点是，在数据传送以前必须在源端和目的端之间建立一条虚电路。值得注意的是，虚电路的概念不同于电路交换技术中电路的概念。后者对应着一条实实在在的物理线路，该线路的带宽是预先分配好的，是通信双方的物理连接。而虚电路是指在通信双方之间建立了一条逻辑连接，该连接的物理含义是指明收发双方的数据通信应按虚电路指示的路径进行。虚电路的建立并不表明通信双方拥有一条专用通路，即不能独占信道带宽，到来的数据报文在每个交换机上仍需要缓存，并在线路上进行输出排队。

广域网的另一种组网方式是数据报方式，交换机不必登记每条打开的虚电路，它们只需要用一张表来指明到达所有可能的目的端交换机的输出线路。由于虚电路方式中每个报文都要单独寻址，因此要求每个数据报包含完整的目的地址。

虚电路方式与数据报方式之间的最大差别在于：虚电路方式为每一对节点之间的通信预先建立一条虚电路，后续的数据通信沿着建立好的虚电路进行，交换机不必为每个报文进行路由选择；而在数据报方式中，每一个交换机为每一个进入的报文进行一次路由选择，也就是说，每个报文的路由选择独立于其他报文。

2. 虚电路和数据报的比较

广域网是采用虚电路方式还是数据报方式，需要考虑的因素比较多。下面从两个方面来比较这两种方式。一方面是从广域网内部来考察，另一方面是从用户的角度（用户需要广域网提供什么服务）来考察。

在广域网内部，虚电路和数据报之间有好几个需要权衡的因素。

首先是交换机的内存空间与线路带宽的权衡。虚电路方式允许数据报文只含位数较少的虚电路号，而并不需要完整的目的地址，从而节省交换机输入／输出线路的带宽。虚电路方式的代价是在交换机中占用内存空间用于存放虚电路表，而同时交换机仍然要保存路由表。

其次是虚电路建立时间和路由选择时间的比较。在虚电路方式中，虚电路的建立需要一定的时间，这个时间主要是用于各个交换机寻找输出线路和填写虚电路表，而在数据传输过程中，报文的路由选择却比较简单，仅仅查找虚电路表即可。数据报方式不需要连接建立过程，每一个报文的路由选择单独进行。虚电路还可以避免拥塞，原因是虚电路方式在建立虚电路时已经对资源进行了预先分配（如缓冲区）。而数据报广域网要实现拥塞控制就比较困难，原因是数据报广域网中的交换机不存储广域网状态。

广域网内部使用虚电路方式还是数据报方式还取决于广域网提供给用户的服务。虚电路方式提供的是面向连接的服务，而数据报方式提供的是无连接的服务。由于不同的集团支持不同的观点，20世纪70年代发生的"虚电路"派和"数据报"派的激烈争论就说明了这一点。支持虚电路方式的人认为，网络本身必须解决差错和拥塞控制问题，提供给用户完善的传输功能。而虚电路方式在这方面做得比较好，虚电路的差错控制是通过在相邻交换机之间"局部"控制来实现的。也就是说，每个交换机发出一个报文后要启动定时器，如果在定时器超时之前没有收到下一个交换机的确认，则它必须重发数据。而避免拥塞是通过定期接收下一站交换机的"允许发送"信号来实现的。这种在相邻交换机之间进行差错和拥塞控制的机制通常称为"跳到跳"控制。

　　而支持数据报方式（如 IP）的人认为，网络最终能实现什么功能应由用户自己来决定，试图通过在网络内部进行控制来增强网络功能的做法是多余的，也就是说，即使是最好的网络也不要完全相信它。可靠性控制最终要通过用户来实现，利用用户之间的确认机制去保证数据传输的正确性和完整性，这就是所谓的"端到端"控制。以前支持相邻交换机之间实现"局部"控制的唯一理由是，传输差错可以迅速得到纠正。然而现在网络的传输介质误码率非常低，如微波介质的误码率通常低于 10E-7，而光纤介质的误码率通常低于 10E-9，因传输差错而造成报文丢失的概率极小，可见"端到端"的数据重传对网络性能影响不大。既然用户总是要进行"端到端"的确认以保证数据传输的正确性，若再由网络进行"跳到跳"的确认只能是增加网络开销，尤其是增加网络的传输延迟。与偶尔的"端到端"数据重传相比，频繁的"跳到跳"数据重传将消耗更多的网络资源。实际上，采用不合适的"跳到跳"过程只会增加交换机的负担，而不会提高网络的服务质量。

　　由于在虚电路方式中，交换机保存了所有虚电路的信息，因而虚电路方式在一定程度上可以进行拥塞控制。但如果交换机由于故障且丢失了所有路由信息，则将导致经过该交换机的所有虚电路停止工作。与此相比，在数据报广域网中，由于交换机不存储网络路由信息，交换机的故障只会影响到目前在该交换机排队等待传输的报文。因此从这点来说，数据报方式比虚电路方式要更强一些。

　　总而言之，数据报方式无论在性能、健壮性以及实现的简单性方面都优于虚电路方式。

（四）广域网技术

　　下面将简单介绍几种常用的广域网技术，包括分组交换网（X.25）、帧中继（FR）和异步传输模式（ATM）。

　　1. 分组交换网

　　X.25 是在 20 世纪 70 年代由国际电报电话咨询委员会（CCITT）制定的在

公用数据网上以分组方式工作的数据终端设备（DTE）和数据电路设备（DCE）之间的接口。X.25 于 1976 年 3 月正式成为国际标准，1980 年和 1984 年又经过补充修订。

虽然 X.25 协议出现在 OSI 模型之前，但是国际电信联盟电信标准分局（ITU-T）规范定义了在 DTE 和 DCE 之间的分层通信，与 OSI 模型的前三层呼应。

（1）物理协议层

物理协议层由 ITU-T 的 X.21 标准定义，该层控制着到通信适配器和通信电缆的物理和电子连接。物理层使用同步通信来传输帧，在物理层中包含着电压级别、数据位表示和定时及控制信号。X.25 物理接口与 PC 串行通信端口的 EIA-232C/D 标准很相似。

（2）链路访问层

X.25 的第 2 层等价于 OSI 模型的数据链路层的 MAC 子层。X.25 的第 2 层可以处理数据传输、编址、错误检测和校正、流控制和 X.25 帧组成等。其中，包含均衡式链路访问过程（Link Access Procedure Balanced，LAPB）协议，该协议是用来建立或断开 WAN 上的虚拟连接的。虚拟连接是通信介质中两点之间的逻辑连接，在一个物理连接或通信电缆中可以有多个虚拟的 X.25 连接。LAPB 还可以确保帧是按发送的顺序来接收的，接收时未受任何损害。

（3）包协议层

X.25 的第 3 层类似于 OSI 的网络层。该层用于处理信息顺序的交换，并确保虚拟连接的可靠性。它可在一个虚拟连接上同时转接多达 4095 个虚拟连接。第 3 层提供了以下基本服务：在主机等 DTE 和 X.25 适配器等 DCE 之间创建两个逻辑信道，其中，一个信道用于发送端，一个用于接收端。

当有多个 X.25 用户时可以进行多路转接器（交换机）通信会话。

X.25 是面向连接的，它支持交换虚电路（Switched Virtual Circuit，SVC）和永久虚电路（Permanent Virtual Circuit，PVC）。SVC 是在发送方向网络发送请求建立连接报文要求与远程机器通信时建立的。一旦虚电路建立起来，就可以在建立的连接上发送数据，而且可以保证数据正确到达接收方。X.25 同时提供流量控制机制，以防止快速的发送方淹没慢速的接收方。PVC 的用法与 SVC 相同，但它是由用户和长途电信公司经过商讨而预先建立的，因而它时刻存在，用户不需要建立链路而可直接使用它。PVC 类似于租用的专用线路。由于许多的用户终端并不支持 X.25 协议，为了让用户哑终端（非智能终端）能接入 X.25 网络，CCITT 制定了另外一组标准，即用户终端可以通过一个称为分组装拆器（Packet Assembler Disassembler，PAD）的"黑盒子"接入 X.25 网络。

X.25 是在物理链路传输质量很差的情况下开发出来的。为了保障数据传输的可靠性，它在每一段链路上都要执行差错校验和出错重传。这种复杂的差错校验机制虽然使它的传输效率受到了限制，但确实为用户数据的安全传输提供了很好的保障。X.25 的突出优点是可以在一条物理电路上同时开放多条虚电路供多个用户同时使用；具有动态路由功能和复杂完备的误码纠错功能。X.25 可以满足不同速率和不同型号的终端与计算机、计算机与计算机间以及局域网之间的数据通信。

2. 帧中继

帧中继（Frame Relay，FR）技术是由 X.25 分组交换技术演变而来的。随着通信技术的不断发展，特别是光纤通信的广泛使用，通信线路的传输速率越来越高，而误码率却越来越低。为了提高网络的传输速率，帧中继技术省去了 X.25 中的差错控制和流量控制功能，这就意味着帧中继网在传送数据时可以使用更简单的通信协议，而把某些工作留给用户端去完成，这样使得帧中继网的性能优于 X.25。

（1）帧中继的工作原理

帧中继的工作原理很简单，它其实就是一种减少节点处理时间的技术。当帧中继交换机收到一个帧的首部时，只要一查出帧的目的地址就立即开始转发该帧。因此在帧中继网中，一个帧的处理时间比 X.25 网约减少一个数量级。这样，帧中继网的吞吐量要比 X.25 增加一个数量级以上。

那么若出现差错该如何处理呢？显然，只有当整个帧被收下后该节点才能够检测到比特差错。但是当节点检测出差错时，很可能该帧的大部分已经转发出去了。

要解决这一问题，当检测到有误码时，节点要立即中止这次传输。当中止传输的指示到达下个节点后，下个节点也立即中止该帧的传输，并丢弃该帧。即使上述错误的帧已经达到了目的节点，用这种丢弃错帧的方法也不会造成不可弥补的损失。不管是哪种情况，源站将用高层协议请求重传该帧。帧中继网络纠正一个比特差错所用的时间要比 X.25 分组交换所用时间长一些。因此，只有当帧中继网本身的误码率非常低时，帧中继技术才可行。

（2）帧中继的优点

帧中继的主要优点如下：

①减少了网络互联的代价。当使用专用帧中继网络时，将不同的源站产生的通信量复用到专用的主干网上，可以减少在广域网中使用的电路数。多条逻辑连接复用到一条物理连接上可以减少接入代价。

②网络的复杂程度降低，性能提高。与 X.25 相比，由于网络节点的处理量减少和更加有效地利用了高速数据传输线路，所以帧中继明显改善了网络的性能和缩短了响应时间。

③由于使用了国际标准，增加了互操作性。帧中继的简化的链路协议实现起来不难。接入设备通常只需要一些软件修改或简单的硬件改动就可以支持接口标准。

④协议的独立性。帧中继可以很容易地配置成容纳多种不同的网络协议的通信量。可以用帧中继作为公共的主干网，这样可统一所使用的硬件，也更加便于网络管理。

根据帧中继的特点，可知帧中继适用于大文件（如高分辨率图像）的传送、多个低速率线路的复用及局域网的互联。

3. 异步传输模式

异步传输模式（Asynchronous Transfer Mode，ATM）就是建立在电路交换和分组交换基础上的一种面向连接的快速分组交换技术，它采用定长分组作为传输和交换的单位。在 ATM 中这种定长分组称为信元（Cell）。

我们知道，同步数字系列（SDH）传送的同步比特流被划分为一个个固定时间长度的帧（请注意，这是时分复用的时间帧，而不是数据链路层的帧）。当用户的 ATM 信元需要传送时，就可插入 SDH 的一个帧中，但每一个用户发送的信元在每一帧中的相对位置并不是固定不变的。如果用户有很多信元要发送，就可以接连不断地发送出去。只要 SDH 的帧有空位置就可以将这些信元插入进来。这和异步时分复用的原理是一样的。也就是说，ATM 名词中的"异步"是指将 ATM 信元"异步插入"同步的 SDH 比特流中。

如果是使用同步插入（同步时分复用），则用户在每一帧中所占据的时隙的相对位置是固定不变的，即用户只能周期性地占用每一个帧中分配给自己的固定时隙（一个时隙可以是一个或多个字节），而不能再使用其他的已分配给别人的空闲时隙。

ATM 的主要优点如下：

①选择固定长度的信元作为信息传输的单位，有利于宽带高速交换。信元长度为 53 字节，其首部（可简称为信头）为 5 字节。长度固定的首部可使 ATM 交换机的功能尽量简化，只用硬件电路就可对信元进行处理，因而缩短了每一个信元的处理时间。传输实时语音或视频业务时，短的信元有利于缩短时延，也节约了节点交换机为存储信元所需的存储空间。

②能支持不同速率的各种业务。ATM 允许终端有足够多比特时就可以利用信道，从而取得灵活的带宽共享。来自各终端的数字流在链路控制器中形成完整的信元后，即按先到先服务的规则，经统计复用器，以统一的传输速率将信元插入一个空闲时隙内。链路控制器用于调节信息源进网的速率。不同类型的服务都可复用在一起，高速率信源占有较多的时隙。交换设备只需按网络最大速率来设置，它与用户设备的特性无关。

③所有信息在最低层是以面向连接的方式传送的，保持了电路交换在保证实时性和服务质量方面的优点。但对于用户来说，ATM 既可工作于确定方式（承载某种业务的信元基本上周期性地出现）以支持实时性业务，也可以工作于统计方式（信元不规则地出现）以支持突发性业务。

④ ATM 使用光纤信道传输。由于光纤信道的误码率极低，并且容量很大，因此在 ATM 网内不必在数据链路层进行差错控制和流量控制（放在高层处理），因而明显地提高了信元在网络中的传送速率。

ATM 的一个明显缺点就是信元首部的开销太大，即 5 字节的信元首部在整个 53 字节的信元中所占的比例相当大。

由于 ATM 具有上述的许多优点，因此在 ATM 技术出现后，不少人曾认为 ATM 必然成为未来的宽带综合业务数字网 B-ISDN 的基础。但实际上 ATM 只适用于互联网的诸多主干网中。ATM 的发展之所以不如当初预期的那样顺利，主要是因为 ATM 的技术复杂且价格较高，同时 ATM 能够直接支持的应用不多。与此同时，无连接的互联网发展非常快，各种应用与互联网的衔接非常好。在百兆以太网和千兆以太网推向市场后，10Gbps 以太网也问世了，这就进一步削弱了 ATM 在互联网高速主干网领域的竞争力。

第三节　计算机网络安全与防护

一、计算机网络安全概述

网络安全是指网络系统的硬件、软件及其系统中的数据受到保护，不受偶然的或者恶意的原因而遭到破坏、更改、泄露，系统连续可靠正常地运行和网络服务不中断。

网络安全从其本质上来讲就是网络上的信息安全。因为随着计算机网络的发展，信息共享日益广泛与深入，但是信息在公共通信网络上存储、共享和传输会被非法窃听、截取和篡改或毁坏而导致不可估量的损失。因此在网络技术高速发展的今天，网络上信息的安全备受关注。网络系统的安全威胁主要来自黑客攻击、计算机病毒和木马攻击、操作系统安全漏洞及网络内部的安全威胁等。

（一）黑客攻击

黑客一词源于英文 Hacker，其原意是指那些长时间沉迷于计算机的程序迷。现在"黑客"一词普遍的含义是指非法入侵计算机系统的人。黑客主要是利用操作系统和网络的漏洞、缺陷，获得口令，从网络的外部非法侵入，进行不法行为。

（二）计算机病毒及木马攻击

计算机病毒是能够破坏计算机系统正常运行、具有传染性的一段程序。计算机病毒种类繁多，极易传播，影响范围广。它动辄删除、修改文件，导致程序运行错误，死机，甚至毁坏硬件。随着互联网的发展，病毒的传播速度也迅速加快，对网络安全造成了日益严重的威胁。感染病毒的常见方式包括：从网上下载软件、运行电子邮件中的附件、通过交换磁盘来交换文件、将文件在局域网中进行复制等。

计算机技术中的木马，是一种与计算机病毒类似的指令集合，它寄生在普通程序中，并在暗中进行某些破坏性操作或盗窃数据。与计算机病毒的区别是木马不进行自我复制，即不感染其他程序。

病毒、木马都可能对计算机数据资源的安全构成威胁，是网络系统安全的巨大隐患。

（三）操作系统安全漏洞

任何操作系统都会存在漏洞，这些漏洞大致可分为两部分：一部分是由设计缺陷造成的，另一部分则是由于使用不当所致的。

因系统管理不善所引发的安全漏洞主要是系统资源或账户权限设置不当。许多操作系统对权限所设定的默认值是不安全的，而管理员又没有更改默认设置，这些疏忽所引发的后果往往是灾难性的。例如，权限较低的用户一旦发现自己可以改变操作系统本身的共用程序库时，他就很可能立即使用这一权限，用自己的程序库替换系统中原有的库，从而在系统中为自己开一道暗门。

（四）网络内部的安全威胁

网络内部的安全威胁主要是指内部涉密人员有意无意地泄密、更改记录信息，内部非授权人员有意无意地浏览机密信息、更改网络配置和记录信息，内部人员破坏网络系统等。

威胁网络内部安全的攻击主要有以下几种情况：首先，内部网的用户防范意识薄弱或计算机操作技能有限，导致无意中把重要的涉密信息或个人隐私信息存放在共享目录下，造成信息泄露；其次，内部管理人员有意或者无意泄露系统管理员的用户名、口令等关键信息，泄露内部网的网络结构以及重要信息的分布情况而遭受攻击；最后，内部人员为谋取个人私利或对公司不满，编写程序通过网络进行传播，或者故意把黑客程序放在共享资源目录做陷阱，乘机控制并入侵内部的其他主机。

二、常用的网络安全技术

从应用的角度出发，网络安全技术大体包括以下方面：实时硬件安全技术、软件系统安全技术、数据加密技术、网络站点安全技术、病毒防治技术、防火墙技术。其核心的技术是数据加密技术、病毒防治技术和防火墙技术。

（一）数据加密技术

加密技术就是按确定的加密变换方法（加密算法）对需要保护的数据（明文）做处理，使其成为难以识读的数据（密文）。其逆过程，即由密文按对应的解密变换方法（解密算法）恢复出明文的过程称为数据解密。

①单密钥体制。其加密密钥和解密密钥是相同的。系统的保密性主要取决于密钥的安全性，必须通过安全可靠的途径将密钥送至接收端。

单密钥体制中最常用的加密算法是数据加密标准（DES），国际标准化组织（ISO）也将它作为数据加密的标准。

②双密钥体制。单密钥体制中加密和解密的密钥是相同的密钥，因此密钥必须保密。双密钥体制又称公开密钥密码体制，它最主要的特点就是加密和解密使用不同的密钥。采用双密钥体制的每个用户都有一对选定的密钥，其中加密密钥（公开密钥）是公开信息，并可以像电话号码一样进行注册公布。而解密密钥（秘密密钥）是需要保密的。

双密钥体制的主要特点是将加密和解密能力分开，因而可以实现多个用户加密的信息只能由一个用户解读，或实现由一个用户加密的信息使多个用户可以解读。前者可用于公共网络中实现保密通信，而后者可用于对信息进行数字签名。

在双密钥体制中，最有名的是 RSA 加密算法，它被 ISO 推荐为公开密钥数据加密标准。RSA 加密算法采用分组密码方式对明文进行加密。

（二）病毒防治技术

1. 计算机病毒及其特征

计算机病毒，是指一种入侵程序，它可以通过插入有自我复制能力的代码的副本感染计算机，并删除重要文件、修改系统或执行某些其他操作，从而造成对计算机上的数据或计算机本身的损害。计算机病毒一般具有隐蔽性、欺骗性、执行性、感染性、传播性、可触发性、破坏性等特征。

防范网络病毒应从两方面着手：一是从管理上防范，对内部网与外界进行的数据交换进行有效的控制和管理；二是从技术上防范，有选择地加载保护计算机网络安全的网络防病毒产品。

2. 管理方面的防范措施

①不随意复制和使用未经安全检测的软件，不要随意打开不明来历的邮件，更不要访问不知底细的网站。

②对于系统中的重要数据，最好不要存储在系统盘上，并且要随时进行备份。

③采取必要的病毒检测、监察措施，制定完善的管理准则。

3. 技术方面的防范措施

①及时升级系统软件，以防止病毒利用软件的漏洞进行传播。

②选用合适的防病毒软件对病毒进行实时监测，并且要及时更新防病毒软件及病毒特征库，防止新病毒的侵入。

③重要数据文件要有备份。

（三）防火墙技术

防火墙技术是指在内部网络和外部网络之间设置屏障，以阻止外界对系统内部资源的非法访问。防火墙的主要作用是在网络入口检查网络通信，根据设定的安全规则，在保护内部网络安全的前提下，提供内外网络通信。其安全作用主要有：集中的网络安全、安全警报、监视互联网的使用、向外发布信息。

但是，防火墙也有自身的局限性，它无法防范来自防火墙以外的其他途径所进行的攻击。例如：在一个被保护的网络上有一个没有限制的拨号访问存在，这样就为从后门进行攻击留下了可能性；另外，防火墙也不能防止来自内部用户带来的威胁；同时防火墙也不能解决进入防火墙的数据带来的所有安全问题，如果用户拿来一个程序在本地运行，那个程序可能就包含一段恶意代码，可能会导致敏感信息泄露或遭到破坏。

典型的防火墙系统可以由一个或多个构件组成，其主要部分包括：包过滤路由器（也称分组过滤路由器）、应用层网关、电路层网关。

一般来说，防火墙可以分为四类：包过滤防火墙、传输层防火墙、应用层防火墙、个人防火墙。

第四节　成果展示

随着科技发展，人们的生活，不论是工作还是学习，都因为网络而变得更加的便利，可是因为网络中存在着用户的一些隐私数据，再加上有不法分子利用这些隐私数据谋利，所以大数据时代也存在着一定的网络安全隐患。为此，计算机网络在运行过程中，需要完善对于用户信息的保护，不断加强网络安全系统，做好预防工作，避免各种网络问题的出现。

一、目前计算机网络安全存在的主要问题

从国家信息中心联合瑞星公司于 2021 年 1 月 14 日发布的《2020 年中国网络安全报告》中，我们可以发现目前计算机网络安全中存在的问题主要如下：

（一）病毒种类和数量的增多

2020 年瑞星"云安全"系统共截获病毒样本 1.48 亿个，病毒感染次数为 3.52 亿次，病毒总体数量比 2019 年同期上涨 43.71%，其中勒索样本共 156 万个，感染次数为 86 万次；挖矿病毒样本总数量为 922 万个，感染次数为 578 万次；手机病毒样本总数量为 581 万个，病毒总数量比 2019 年同期上涨 59.02%，病毒类型以信息窃取、资费消耗、流氓行为、恶意扣费等类型为主。而且随着计算机技术的快速发展，骇客们因为挑战、满足私欲等各种理由，发明的病毒种类和攻击方式会越来越多。

（二）发动网络攻击的方式逐渐多样化

因为计算机网络的发展，现已有越来越多的企业采用数字货币，即使是普通用户，比起现金也在更多地使用微信、支付宝等电子货币支付的方式，甚至曾有传言称纸币将会被取代，这也导致了挖矿病毒的增长，致使许多企业地服务器因挖矿病毒的攻击与控制而造成巨大损失。同时，2020 年勒索病毒依然肆意横行，因为勒索软件攻击时具有明确的目标，同时隐蔽性也极高，使得人们难以追查其源头，这也是许多攻击者行为极其猖狂的原因所在。

（三）人们对于网络安全没有太强的意识

虽然现在计算机普及率很高，甚至人们所使用的手机也更新换代得到了计算机网络般的功能，早已不再局限于通话，相关设施也在日渐完善，我国的网民数量也年年攀升。但是与之相对的，人们对于网络安全的问题，并没有太强的警惕心，这也是网络安全隐患增多的原因所在。

二、计算机网络安全防御流程

鉴于计算机病毒种类繁多，传播方式具有多样性，因此人们需要计算机防御系统具有更快的分析速度。因此，基于数据挖掘技术的计算机网络安全防御系统，能够根据病毒入侵时能够短期篡改和破坏计算技术数据的特点，以更快的分析速度对病毒进行解析和控制，以此提高对计算机网络安全的保护性能。

因为数据挖掘分析是一个很烦琐的过程，所以计算机网络防御系统在最初的设计中，需要输入完整的数据挖掘信息，保证数据挖掘分析的整个过程可以按照正确的步骤流程进行，高效完成病毒的分析和防御控制工作。

三、计算机网络安全防御系统的设计与实现

（一）安全防御功能的设计

因为在大数据应用中，网络攻击大多数来自 PC 端、移动终端等，再加上病毒在计算机内的潜伏期长，骇客的入侵攻击范围也十分广泛，因此为了保证防御系统功能的完善，需要以目前安全威胁智能化的现象为基础，同时防御系统也更需要具备主动性，即系统配置管理功能、用户管理功能、安全策略管理功能、网络状态监控功能、网络运行日志功能以及网络运营报表功能为主，明确安全防疫系统的设计。

（二）防火墙模块的设计

不论是网络用户还是企业，防火墙无疑是最常被用在网络防御系统中的一种手段。但是也因为防火墙被广泛使用，使得很多人对于防御体系中的漏洞及缺陷存在一定的误解，认为什么都能靠防火墙而导致很多问题产生。为了加强计算机的防护力度，需要对防火墙进行一定程度上的改造，需要分别建立两道防火墙。第一道防火墙最常使用对外部用户访问设置一定限制的防火墙，第二道则是利用子系统安装的方法，而建立起的限制内部用户访问的第二道防火墙，内外两道防火墙的双重保护，无疑强化了防御系统针对不同情况的防御性。

（三）传输加密系统的设计

举例来说，二进制数据本身就如同一种密文，是人们无法看懂的，但是通过解密后的文本，就成为人们能看懂的文字，这一过程被称为解密。总的来讲，就是人们所能看懂的文本，一律被称为明文，而使明文转化为人所无法解读的数据文本，则称之为密文，这个过程被称作加密。

数据加密，是通过网络七层协议来实现的，包括端对端和链路两种方式，都是利用加密技术分析逻辑的位置而得以展开实现的。其中链路的加密方式，是通过独立加密所有链路，利用通信节点自建数据的传输来实现保护的一种方式。

端对端加密方式，是一种具有针对性的加密手段，它通过软件的编程，对于加密数据自身的信息进行加密，而不加密路径控制信息。而且端对端加密手段，能够将要求的数据从源端传输，还能保证信息被加密后的状态不会随着传输而改变，即使通信链路中出现错误，也不会影响到数据整体安全。同时，这种加密方式的密钥管理机制也很复杂，传输密文还需要通过加密算法去寻找，但也正因为如此，这种加密手段才能够在大型网络系统中，不论是发送方传输还是接收方传输，都能够被很好地使用。

（四）安全预警设计

在大数据的应用中心，进行分析工作是由多个异构软件集成进行的，但是因为不同软件的开发商不同，这些软件本身的开发语言和实现条件有所差别，导致了多个接口的产生，这些接口也正因为差异问题，就为各类漏洞和攻击提供了渠道。目前安全预警的设计，主要在漏洞预警、行为预警以及供给趋势预警三个方面突出功效。其中漏洞预警是为计算机进行漏洞检测和安装补丁提供帮助，这样不仅能够修补漏洞，还能提高防御系统的安全性能。而行为预警，或者攻击趋势预警功能，能够及时发现网络中各种不正常的数据，通过监控来做出判断并进一步对其发出预警，构建起防御系统的第一道防线。

（五）安全保护设计

目前，大数据应用的普及率在持续上升，但是面临的网络威胁也越发多样化，而网络攻击也因为类型不同，所以有些不同的却又有针对性的应对方法，为了保证大数据应用普及中的安全性能与之相协调，需要将多种应对威胁的技术应用到安全保护中，综合发挥各种防御手段的作用，保证数据中心的稳定运行以及安全。因此，需要对病毒查杀、防火墙等基础手段的使用方式进行具体的分析，整合多种安全防御技术，以便有效地阻止和控制各种网络病毒、木马的入侵和攻击，使网络安全防御系统的性能得到全面提升。

（六）人工智能应用设计

相较于人工操作的安全系统，人工智能应用能够显著地提升效率。因为网络接入的方式就有许多种，所以网络攻击也有许多渠道，这对于人工而言是耗时耗力的。但是如果应用人工智能技术，就能高效地分析、挖掘各种发现的问题。因为人工智能的系统有一个可自主学习的特点，所以最初通过构建起来的主动化防御模型快速清除网络中的木马和病毒，还能避免来自互联网的各种攻击，并且在隔离病毒或木马的时候独立识别追踪并判断网络病毒的来源，从根本上解决病毒的问题。之后这些参数也能成为以后应付同样情况病毒的"参考"，人工智能系统通过学习来自我提升。但除了人工智能系统的杀毒功能，电脑本身还要对这个系统做好安全防护，让它在自主运作的时候，也能保护自己不受外界攻击。

总的来说，正因为大数据时代的计算机使用具有极为重要的价值，数据应用中心的稳定，以及数据价值的最大化发挥也变得举足轻重，所以安全防御系统在其中具有非常重大的意义。为此，我们需要做好计算机的安全防御工作，为构建安全防御系统提供有用的技术支持。

第四章　多媒体技术应用

第一节　多媒体技术概述

一、媒体技术的定义和特点

所谓媒体（Media），从计算机处理信息的角度来看，有三种不同的分类方式：

①传递信息的载体，如文字、图像、声音、动画、视频等；

②存储信息的实体，如纸、录像带、磁盘、光盘、网络存储设备等；

③传输信息的介质，如电话、电缆、无线电波、卫星通信、光等。

多媒体（Multimedia）信息中的媒体是指第一种，也就是多种媒体，即通过各种外部设备将文字、图像、声音、动画、影视等多媒体信息采集到计算机中，以数字化的形式进行加工、编辑、合成和存储，最终形成具有交互特征的多媒体产品。在这一过程中，多媒体计算机与电视等其他多媒体设备之间的差异主要表现在前者更强调交互性，即人们在计算机上使用多媒体产品时，可以根据需要去控制和调节各种多媒体信息的表现方式，而不仅仅是被动地接受多媒体信息。

多媒体技术是指用计算机综合处理多媒体并使各种媒体建立逻辑链接的技术，是信息传播技术、信息处理技术和信息存储技术的组合。多媒体技术具有以下一些特点：信息媒体的多样化和媒体处理方式的多样化，媒体本身及处理媒体的各种设备的集成性，用户与媒体及设备间的交互性，以及音频、视频媒体与时间密切相关的实时性等。

二、多媒体计算机系统

具备多媒体信息处理能力的计算机称为多媒体计算机。多媒体计算机系统包括多媒体硬件系统和多媒体软件系统。

（一）多媒体硬件系统

多媒体硬件系统除了基本的计算机配置外，还包括支持各种媒体信息的采集、存储、编辑、展现的各种外部设备。

1. 带多媒体功能的 CPU

芯片制造商在计算机芯片中增加能处理多媒体信息的指令，使计算机处理多媒体的功能得到了更好的发挥和提高。多媒体扩展（MMX）就是英特尔（Intel）公司在 CPU 中增加的多媒体指令集，带有 MMX 技术的 CPU 特别适合于处理数据量很大的图形、图像，从而使以三维图形、图画、运动图像为目标的动态图像专家组（MPEG）视频、音乐合成、语音识别、虚拟现实等数据处理的速度有了很大提高。

2. 音频设备

话筒、耳机、音箱是计算机中的音频输入输出设备，而声卡则是最基本的多媒体器件，用以实现声音的模/数（A/D）、数/模（D/A）转换，目前大多数主板都集成了声卡。声卡的工作原理：输入声音时，从声音传感器（如话筒或音频连接线）接收模拟声音电信号，经声卡进行采样、量化和压缩等处理，转换成由 0 和 1 组成的数字信号，以文件的形式被计算存储和编辑；输出声音时，声卡将数字化声音数据，经数/模转换还原为连续的电信号，通过声音播放器（如耳机或喇叭）输出。通常声卡的采样频率有 11.025kHz、22.05kHz、44.1kHz 三种，量化精度有 8 位、16 位、32 位、64 位二进制数等，还可以选择单/双声道，采样后在计算机中生成波形文件。

声卡除基本的录音和播音功能外，还有压缩和解压缩音频文件、与乐器数字接口（MIDI）设备连接及与 CD-ROM/DVD-ROM 连接的功能。声卡关键指标是采样频率和量化精度，声卡的性能直接影响多媒体计算机的音频效果。

3. 视频设备

视频技术是多媒体技术的重要组成部分，它使得色彩鲜艳的动态图像能在计算机中进行输入、编辑和播放。视频设备除了显示器、摄像头、数码摄像机等外，还包括用于数、模转换的显示卡和用于视频输入的视频采集卡。

显示器是用来显示影像的装置。目前市场上台式机的显示器类型主要有三种：阴极射线管显示器（Cathode Ray Tube，CRT）、液晶显示器（Liquid Crystal Display，LCD）以及发光二极管显示器（Light Emitting Diode，LED）。

其中 CRT 已逐渐被 LCD 取代，而 LED 显示器由于其在亮度、功耗、可视角度和屏幕刷新速率方面比 LCD 更具优势，逐渐占据了更大的市场。

　　显示卡能将计算机中的数字信息转换成显示器能接收的电信号，要输出的画面，都要经过显示卡的存储和处理。显示器上能够显示的画面的色彩数量（色彩位数）和像素数量（分辨率），均由显示卡的技术指标决定。这些技术指标有相应的行业标准，最早的视频图形阵列（VGA）标准（Video Graphics Array）支持最高分辨率为 640×480，只能显示 256 种颜色，已经十分过时。常见的还有超级视频图形阵列（SVGA）、扩展图形阵列（XGA）、超级扩展图形阵列（SXGA）和极速扩展图形阵列（UXGA）等几种主要的标准，每种标准都有各自的分辨率和色彩位数。用户要改变显示器的显示方式，只要在桌面上右击，选择快捷菜单中的"属性"选项，对"设置"选项卡下的屏幕分辨率和颜色质量进行修改。分辨率越高，屏幕上能显示的内容就越多，同一图片所显示的空间就越小。

　　除显示卡外，使多媒体计算机获得影像处理功能的还有一系列视频卡，是专门用于汇集视频源的信号（如电视、影碟、摄像等），进行数字化存储、转换、编辑和实时处理等的设备。视频卡大致可以分为视频叠加卡、视频捕捉卡、电视编码卡、动态图像专家组（MPEG）卡和电视（TV）卡，有的视频卡可兼有几个功能。

4. 大容量存储设备

　　音频、视频文件需要占用大量的存储空间。光盘是一种常用的存储介质。光盘驱动器（光驱）是一个结合光学、机械及电子技术的设备，用于读写光盘信息。按在计算机上的安装方式，光驱可分为内置式、外置式。内置式光驱安装在主机箱软驱的位置，通过内部连线连接到计算机上，与计算机的通信接口、电源等配合，具有速度快、使用方便等优点。外置式光驱放在主机箱外，通过并行口和计算机相连接，自身有保护壳，移动方便，可根据需要在不同的计算机上使用，但价格贵、速度慢。

　　（1）CD 光驱和 CD 光盘

　　激光唱盘（CD）光驱分为只读光驱（CD-ROM）和可读写光驱（CD-RW，也称刻录机），前者只能读取 CD 光盘的信息，后者有读取和写入两种功能。

　　CD 光盘的容量约为 680MB，它利用光存储技术来实现数据的读写，分为只读光盘、一次写入多次读出光盘（CD-R）、可擦写光盘三种。

　　（2）DVD 驱动器和 DVD 光盘

　　数字通用光盘（Digital Versatile Disk，DVD）是普遍采用的数据存储媒体，其特点为容量大、兼容性好、价格低廉等，可以兼容 CD、CD-ROM 等多种光盘格式。DVD 驱动器主要包括只读光驱（DVD-ROM）和可读写光驱（DVD-RW，DVD 刻录机）。

DVD 光盘有 4.7G 的容量，远远大于 CD 光盘，因为 CD 光盘的最小凹坑长度 0.834μm，道间距为 1.6μm，采用波长为 780～790nm 的红外激光器读取数据，而 DVD 光盘的最小凹坑长度 0.4μm，道间距为 0.74μm，采用波长为 635～650nm 的红外激光器读取数据。而以蓝色激光读取数据的蓝光光盘和高清 DVD（HD-DVD），其波长为 405nm，单面单层光盘上可以存储 25GB 的数据。

除上述设备外，数码相机、扫描仪、投影仪、摄像机、触摸屏等外设也广泛地应用于多媒体系统。选择数码相机要注意分辨率、色彩位数、摄影元件、变焦倍率和镜头亮度等性能指标；扫描仪的主要技术指标有分辨率、扫描速度、色彩位数和接口标准；投影仪的主要性能指标有亮度、对比度、色彩、分辨率、均匀度等。

（二）多媒体软件系统

多媒体软件系统包括支持各种多媒体设备工作的操作系统的多媒体功能，各种媒体的采集、处理和创作工具，将各种媒体集成的多媒体工具，以及提供给最终用户使用的各种多媒体软件。

1.操作系统的多媒体功能

为适应人们对多媒体内容的需要，操作系统必须加强四方面功能：一是多任务功能，即使计算机能同时处理声音、视频信息；二是大容量存储器的管理功能，即使计算机能支持多媒体文件的巨大数据量；三是虚拟内存技术，即使计算机在内存容量有限的情况下，能借用硬盘空间运行大数据量的程序或多个程序；四是"即插即用功能"，即对计算机硬件的检测和设置智能化，当计算机上增加某种多媒体设备时，操作系统能感受到新设备的增加，并提示安装驱动程序，使设备方便进入可使用状态。

2.多媒体处理工具

多媒体信息处理主要是将外部设备采集的多媒体信息，包括文字、图像、声音、动画、影视等，用软件进行加工、编辑、合成、存储，最终形成多媒体产品。这些工具主要包括用于制作媒体信息文件的软件和多媒体应用软件系统集成工具两大类，主要实现以下功能：文字处理；图像处理；音频处理；动画处理；多媒体集成等。

3. 多媒体集成工具

设计和制作多媒体应用软件作品时，可以通过多媒体集成软件把各种媒体有机地集成起来使其成为一个统一的整体。目前应用较为广泛的多媒体集成软件主要有图标式多媒体制作软件 Authorware；基于时间顺序的多媒体制作软件 Director、Flash；基于页或卡片式的多媒体制作软件 Multimedia ToolBook 等。目前用网页制作软件 FrontPage、Dreamweaver 等来进行多媒体集成也日益增多，而传统的程序设计语言 VB、VC++、Delphi 等也可用作多媒体软件的开发。

在制作多媒体作品的时候，不可能只使用到以上的某一种软件。针对不同的媒体要采用不同的处理软件，只有这些软件相互配合使用，才能制作出图、声、文并茂的富有感染力的多媒体作品。

4. 多媒体应用软件

多媒体应用软件是利用多媒体加工和集成工具制作，运行于多媒体计算机上具有某种具体功能的软件。它具有超媒体结构，往往集成了文字、图片、音频、视频、动画等多媒体信息，直接面向用户，强调交互操作。例如，各种多媒体教学软件、游戏软件、电子商务导购、各类服务性企业的导引软件等。

三、多媒体技术发展

（一）网络中的多媒体技术

随着网络逐渐成为新兴的第四媒体，人们对网上多媒体信息的利用也越来越广泛，网络上多媒体信息的传输和展现成为重要的技术。

1. 数据流传输技术

人们用浏览器查看的网页信息，是计算机用 HTTP 方式（直接下载）传送到本地计算机的临时文件夹里的。这可通过单击 IE 浏览器"工具 /Internet 选项"命令，在"常规"选项卡中单击"浏览历史记录"栏目的"设置"按钮，在打开的对话框中可以查看。由于音频、视频信息的数据量巨大，浏览器需要较长的时间才能完全下载，而且用户计算机上的存储空间大小也影响传输结果。为解决这个问题，数据流传输技术应运而生。

数据流式传输是指声音、影像或动画等媒体，由媒体服务器向用户计算机的连续、实时传送，通过在用户计算机上建立的数据缓冲存储区来存储数据，并同时播放缓冲区的数据，已播放的就从缓冲区自动删除。由于数据发送过程一开始，所传输的媒体几乎可以立即开始播放，用户可以边下载边收看，因而解决了下载延时问题。

流媒体就是用流式传输的多媒体文件。流式传输与 HTTP 方式传输的区别在于网络服务器不是一次性发送完所有的媒体文件数据，而是发送第一部分，然后在第一部分开始播放的同时，媒体文件的其余部分再源源不断地传输，及时到达用户计算机中供播放用。当网络实际连接速度小于播放所需速度时，播放程序就从缓冲区内取资料，从而避免播放的中断，使播放得以维持；只有当缓冲区的数据播放完后新传输的数据仍未到位时，用户才需要等待。

流媒体技术的基础是对数据进行压缩，它采用高效的压缩算法对数据源进行压缩，在降低文件大小的同时伴随着质量的降低，以使原有庞大的数据能适合流式传输。

2. 多媒体网页

目前，图文并茂、声像俱现的多媒体网页成为网络世界的主流。通过对浏览器进行适当设置，用户可以有选择地感受各种媒体信息。在 IE 浏览器中，单击"工具 /Internet 选项"命令，在打开的"Internet 选项"对话框中选择"高级"选项卡，可以找到相关的多媒体进行设置，可更改浏览器中的图片、动画、声音等多媒体元素的播放设置。

3. 网络实时播放和视频点播

网络实时播放即网上视频直播，是将摄像机拍摄的实时视频信息传输到专门的视频直播服务器上，由视频直播服务器对活动现场的实时过程进行视频信息的采集和压缩，同时通过网络传输到用户的计算机上，实现现场实况的同步收看，像电视台直播一样，视频直播时，所有用户收看同样的内容，用户也不能控制播放过程。

视频点播（Video on Demand，VOD）是指网络服务器中存储着大量的、经过压缩的视频文件，供用户"按需点播"，即通过 Web 页选择菜单，一旦接受用户的单击选择，就开始向该用户传输所选定的视频文件，使用户可以在自己选择的时间、地点收看自己选择的内容，完全控制播放过程。视频点播服务器能同时接受多用户的访问，并分别向各用户提供不同的内容。

现在常用流媒体格式有 RealNetworks 公司的 Real Media、微软公司的 Windows Media 和苹果公司的 QuickTime，这些播放软件都可以从网上免费下载。使用这些软件，既可以收看视频直播，也可以有选择地进行视频点播。

（二）多媒体关键技术

多媒体系统需要将不同的媒体数据表示成统一的结构码流，然后对其进行变换、重组和分析处理，以进行进一步的存储、传输、输出和交互控制。涉及多媒体的关键技术主要有：多媒体数据压缩与编码技术、多媒体数据存储技术、多媒体数据输入/输出技术、多媒体通信网络技术、多媒体信息同步技术、多媒体专用芯片技术、多媒体软件技术等，因为这些技术的突破性的进展，多媒体技术才得以迅速发展。

1. 多媒体数据压缩与编码技术

数字化后多媒体数据量十分庞大，直接存储和传输这些原始信源数据是不现实的，一般需要通过多媒体数据压缩与编码技术来解决数据存储与信息传输的问题。多媒体中数据的压缩主要是指图像、音频和视频的压缩，它是计算机处理图像、音频、视频以及网络传输的重要基础。数字化后的多媒体信息的数据中存在着很大冗余，如空间冗余、时间冗余、视觉冗余等，使数据压缩成为可能。

数据压缩的实质是在满足还原信息质量要求的前提下，采用代码转换或消除信息冗余量的方法来实现对采样数据量的大幅缩减。与数据压缩相对应的处理称为解压缩，又称数据还原。它是将压缩数据通过一定的解码算法还原到原始信息的过程。通常，人们把包括压缩与解压缩的技术称为数据压缩技术。数据压缩技术一般可以分为有损压缩和无损压缩两种。

衡量一种压缩编码方法优劣的重要指标有：压缩比要高、压缩与解压缩速度要快、算法要简单、硬件实现要容易以及解压缩质量要好。

2. 多媒体数据存储技术

多媒体数据存储技术主要研究多媒体信息的逻辑组织、存储体的物理特性、逻辑组织到物理组织的映射关系、多媒体信息的存取访问方法、访问速度和存储可靠性等问题，具体技术包括光学存储技术和移动存储技术，后者包括各种存储卡技术以及移动硬盘存储技术等。

存储卡采用的是半导体存储技术，它具有体积小、重量轻、便于携带和移动、工作时没有任何机械运动、无噪声、存取速度快和低功耗等优点。存储卡已被广泛应用于手机、数字音视频播放设备、数码录音笔、电视机、数码相机、数码摄像机、固态硬盘、GPS 导航仪等数码电子产品中。

目前广泛使用的 U 盘也是利用存储卡技术研制的一种移动存储设备，通过

USB 接口与计算机等设备进行数据交换。移动硬盘采用的是磁存储技术。因为其体积小、容量大、传输速度快、安全性能高、使用简单方便等特点，备受人们青睐。

3. 多媒体数据输入 / 输出技术

多媒体数据输入 / 输出技术包括媒体变换技术、媒体识别技术、媒体理解技术和综合技术等。媒体变换技术是指改变媒体的表现形式，如当前广泛使用的音频卡（声卡）、视频卡都属于媒体变换设备。媒体识别技术是对信息进行一对一的映像过程，如光学字符识别（OCR）文字识别技术、手写识别技术、语音识别技术、图像识别技术和触摸屏技术等，都属于媒体识别技术。媒体理解技术是对信息进行更进一步的分析处理和理解信息内容，如自然语言理解、图像理解、模式识别等技术。

4. 多媒体通信网络技术

多媒体通信网络技术是多媒体技术、通信网络技术和计算机技术相互渗透和发展的产物。

各种多媒体应用都要求在网络上同时传输文本、图形、图像、声音以及视频等综合多媒体信息。这些信息不仅量大，而且还要求连续性，不能有间断或跳跃感，同时音频和视频之间必须保持同步。多媒体信息流既可能是单向的，又可能是双向的；既可能是点对点的，又可能是点对多点的。传统的计算机网络很难完全适应多媒体信息传输的要求。为了满足数据量大、实时性、媒体相关性、交互性的多媒体信息通信要求，就需要对已有的网络进行改进或全新的建设。目前已出现以下六种解决方案：宽带多媒体网络、x 数字用户线路（xDSL）宽带网、虚拟专用网络、宽带 IP 网、电视传播网络和宽带无线接入网络。

5. 多媒体信息同步技术

同步是一个与时间相关的概念。多媒体系统中的同步主要指各媒体对象间的时序关系，广义的多媒体同步包括媒体对象之间的内容、空间、时间关系。

多媒体信息同步由很多系统部件来支撑和体现，包括操作系统、通信系统、数据库、文档，甚至一些具体应用，因此，多媒体系统中的信息同步必须在多个层次上予以考虑。

6. 多媒体专用芯片技术

多媒体专用芯片技术的发展依赖于超大规模集成电路技术的发展，它是多媒体硬件系统结构的关键技术。

7. 多媒体软件技术

多媒体软件技术主要包括多媒体操作系统、多媒体素材采集与制作技术、多媒体编辑与创作工具、多媒体数据库技术、超文本 / 超媒体技术和多媒体信息处理与应用开发技术六个方面的内容。

第二节　音频处理技术

声音是由物体振动产生的，并以空气为媒介进行传送。最简单的声波是正弦波。声波的振幅与频率决定了声音的效果，声音的响亮程度在专业上用振幅来表示，波峰越高，声音越响。声音的音调高低用频率表示，其单位是 Hz，波峰之间的距离越小，频率就越高，音调也越高。声音按其频率可分为三种：次声波（频率低于 20Hz）、声波（20Hz ～ 20kHz）、超声波（频率高于 20kHz）。次声波和超声波这两类声音人耳是听不到的，人耳可听到的声音是频率在 20Hz ～ 20kHz 之间的声波。

多媒体计算机中产生声音的方式主要有三种：由外部声音源进行录制和重放（Wave 波形音频）、MIDI 音乐（MIDI 音频）、CD-Audio（CD 音频）。根据获得途径和存储方式的不同，音频文件有多种文件格式，每种格式有各自的特点，可以使用不同的音频处理工具进行编辑。

一、音频数字化

声音是一种模拟量，声音的数字化从技术上讲就是要完成模拟量到数字量的转换，即 A/D 转换，通常以麦克风、CD 作为音频信号的输入源，由声卡以一定的采样频率和量化位数对声音进行采样和量化，并以需要的格式存储在计算机里。因为扬声器只接受模拟信号，当播放音频文件时，处理过程刚好倒过来，声卡把数字信息再还原为原来的模拟信息，即 D/A 转换，经混音器混合后由扬声器输出。

声卡的采样就是按一定的时间间隔采集该时间点的音频信号幅度值，所得数据用二进制存储。量化就是在计算机音频处理过程中，将采样得到的数据按一定的量化精度进行存储的过程。

影响音频数字化质量的三个主要因素：采样频率、量化位数、声道数。

（一）采样频率

采样频率是指单位时间的采样次数，也就是每秒从模拟声波中选择多少个点的声音样本，单位是 Hz。采样频率越高，越接近源音质。根据"奈奎斯特定理"：在模拟信号数字化的过程中，如果保证取样频率大于模拟信号最高频率的 2 倍，就能 100% 精确地再还原出原始的模拟信息，因此采样频率应至少为整个声音信号波形最高频率的两倍。在人耳认可的范围内，一般有 11.025kHz、22.05kHz、44.1kHz 等采样频率。例如，CD 唱片的采样频率为 44.1kHz，就是因为人耳可以听到的最高声音频率为 20kHz，考虑到电子零件在低频时的消退现象，将 20×2 后再加以修正，最终得到 44.1kHz 的采样频率。

（二）量化位数

每次采样的信息量，即每个声音样本用几位二进制数来表示，也就是量化精度（幅值）。量化后模拟声音信号就编码为数字信号。量化的位数越高，等级越高，越接近源音质。量化精度通常有 8 位、16 位、32 位二进制数等。

（三）声道数

声音通道的个数表明声音产生的波形数，一般分单声道和立体声道。单声道每次生成一个声波数据，立体声产生两个波形。采用立体声道声音丰富，但存储空间要占用更多，如用单声道每分钟占 0.66MB 空间，选立体声道则达 1.32MB，为单声道的两倍。由于声音的保真与节约存储空间是成反比的，因此总存在一个选择平衡点的问题。

计算不压缩的情况下数字化声音的存储空间可用下列公式：

存储空间 =（采样频率 × 量化位数）× 时间长度 × 声道数 ÷8

二、音频文件

在计算机中，声音文件也称为音频文件。根据获得的途径和存储的方式不同，声音文件也有多种格式，不同格式的声音文件具有不同的存储特点，可以使用不同的声音编辑工具进行编辑和处理。常见的声音文件格式除了 WAV、MID 和 MP3 以外，还有 CD 格式、RA 格式、WMA 格式等。

（一）WAV 格式

WAV 文件也称为波形文件，是 Windows 所使用的标准数字音频，文件的扩展名是 WAV，它记录的是对实际声音进行采样所得到的数据。但是 WAV 音频文件也有明显缺点：产生的文件太大，不适合长时间记录。例如，同样是半小时的立体声音乐，MIDI 文件只有 200KB 左右，而 WAV 则要 300MB。

（二）MIDI 合成音乐

乐器数字接口（Musical Instrument Digital Interface，MIDI）文件的扩展名为 MID。MIDI 文件是音乐与计算机技术结合的产物。MIDI 其实泛指数字音乐的国际标准，该标准始于 1982 年，符合此标准的多媒体 PC 平台能够通过内部合成器或连接到计算机 MIDI 端口的外部合成器播放 MIDI 文件。

MIDI 文件与波形文件相比要小得多，常用于长时间播放音乐的场合，或背景音乐与 CD 中数据需要同时使用时，以及波形声音与背景音乐相伴的情况。通常可以用 Windows Media Player 来播放 MIDI 音乐，用 Cakewalk 来编辑 MIDI 文件。

（三）MP3 格式

MP3 全称是动态影像专家组压缩标准音频层 3（Moving Picture Experts Group Audio Layer III），是一种数字音频编码和有损压缩格式，其扩展名为 MP3。它设计用来大幅度地降低音频数据量，可以将音乐以 1 ： 10 至 1 ： 12 比率压缩，而对于大多数用户来说重放的音质与最初的不压缩音频相比没有明显的下降。

MP3 的原理：采用有损压缩技术，利用人耳听觉系统的主观特性（心理声学）确定压缩率，即去掉人耳感觉不到的信息细节（主要是高音频部分），使正常人耳感觉不到失真，以获得小得多的文件。MP3 技术提供了在数据大小和声音质量之间进行权衡的一个范围，每分钟 MP3 格式音乐只有 1MB 左右大小，大大小于 WAV 文件，播放时要使用 MP3 播放器对 MP3 文件进行实时的解压缩（解码）。由于 MP3 采用的是有损压缩技术，对欣赏音乐有较高要求的人来说，音质稍有不足。

（四）CD 格式

在大多数播放软件的"打开文件类型"中，都可以看到 *.cda 格式，这就是 CD 音轨了，它是当今世界上音质最好的数码音频格式之一。CD 音轨近似无损，因此它的声音基本上是忠于原声的，能让人感受到天籁之音。CD 光盘可以在 CD 唱片中播放，也能用计算机里的各种播放软件来重放。*.cda 文件只是一个索引信息，并没有真正包含声音信息，所以不论 CD 音乐的长短，在计算机上看到的"*.cda 文件"都是 44 字节长。因此，不能直接复制 CD 格式的 *.cda

文件到硬盘上播放，需要使用音频转换软件把 CD 格式的文件转换成 WAV 后才能播放，如 Windows 媒体播放器、超级解霸软件等都可以进行这样的转换。

（五）RealAudio 格式

RealAudio 主要适用于在网络上的在线音乐欣赏，几乎所有的下载站点会给出根据所使用的 Modem 速率选择最佳的 Real 文件的提示。

Real 文件的格式主要有：RA、RM G2）和 RMX 等。这些格式的特点是可以随网络带宽的不同而改变声音的质量，在保证大多数人听到流畅声音的前提下，令带宽较富裕的听众获得较好的音质。

（六）WMA 格式

WMA 格式是微软公司开发的，音质要强于 MP3 格式，更远胜于 RA 格式，WMA 的压缩率一般都可以达到 1 ：18 左右。WMA 的另一个优点是内容提供商可以通过数字版权管理（Digital Rights Management，DRM）方案加入防复制保护。这种内置的版权保护技术可以限制播放时间、播放次数，甚至于播放的机器等，这对防盗版来说是一个福音。

WMA 还支持音频流技术，适合在网络上在线播放，作为微软抢占网络音乐的开路先锋可以说是技术领先、风头强劲。更方便的是它不用像 MP3 那样需要安装额外的播放器，Windows 操作系统和 Windows Media Player 的无缝捆绑使得只要安装了 Windows 操作系统的计算机就可以直接播放 WMA 音乐。

WMA 格式在录制时可以对音质进行调节。同一格式，音质好的可与 CD 媲美，压缩率较高的可用于网络广播。

三、音频媒体的管理

无论是波形声音，还是 MIDI 声音，在 Windows 中都可以使用媒体播放器播放。Windows 的媒体播放器实际上是 Windows 中的一个多媒体管理平台，可以进行各种媒体文件的导入、管理、播放以及分享。

（一）Windows Media Player 简介

Windows Media Player 不仅可以播放音频和视频文件，还可以对音乐进行分类、翻录与刻录音乐 CD，向移动设备同步传送歌曲。此外，还可以利用它浏览图片。

1. Windows Media Player 的界面

在默认情况下，Windows Media Player 被锁定在任务栏中，单击图标即可启动。如果是首次启动 Windows Media Player 程序，则弹出"欢迎使用 Windows Media Player"的初始界面，通常选择"推荐设置"单选钮，单击"完成"按钮，打开 Windows Media Player 媒体库窗口。

2. 媒体文件的导入

在 Windows Media Player 媒体库中导入音乐媒体文件的操作步骤如下：

①打开媒体窗口，右击导航窗格中的"音乐"，在弹出的快捷菜单中选择"管理音乐库"命令，打开"音乐库位置"对话框，在"库位置"框中已经包含 2 个文件夹"我的音乐"和"公用音乐"。

②单击"添加"按钮，打开"将文件夹包括在'音乐'中"对话框，选择要添加到媒体库中的音乐文件夹，单击"包含文件夹"按钮，返回"音乐库位置"对话框，则所选的音乐文件夹已经添加进来，单击"确定"按钮，完成音乐媒体文件的导入。

在 Windows Media Player 媒体库中导入视频和图片媒体文件的操作步骤与导入音乐媒体文件的操作步骤基本相同。

3. 媒体文件的管理

媒体文件导入媒体库，分类进行管理，可以按不同类别来浏览媒体文件。例如，单击导航窗格中的"音乐"，在展开的列表中默认情况下列出 3 个分类：艺术家、唱片集和流派。选择按唱片集浏览音乐，则在右侧"详细细节窗格"中显示已添加的音乐专辑及其中包含的曲目。可以通过自定义，为媒体库添加更多不同的类别，其操作步骤如下：

①单击工具栏中的"组织"按钮，在弹出的菜单中选择"自定义导航窗格"命令，打开"自定义导航窗格"对话框。

②在"自定义导航窗格"对话框中选中要添加类别前的复选框。单击"确定"按钮，返回媒体库窗口，可以看到新类型已添加，选择不同的类型以不同的视图浏览媒体文件。

对于导入媒体库的文件，如果需要删除，可在详细信息窗格中右击要删除的媒体文件，在弹出的快捷菜单中选择"删除"命令，打开删除项目窗口。根据情况，从中选择相应的删除媒体文件的方式。

若要删除媒体库中媒体文件夹，如某个音乐文件夹，可以右击导航窗格中的"音乐"，在快捷菜单中选择"管理音乐库"，打开"音乐库位置"对话框，选择要删除的媒体文件夹，单击"删除"按钮即可。

四、音频处理技术

音频的处理包括录音、编辑、添加音效、格式转换等。金波音乐编辑器（GoldWave）是一个集音频播放、录制、编辑、格式转换多功能于一体的数字音乐编辑器。使用 GoldWave 可以对音频文件进行复制、粘贴、混音等操作；可以对音频文件进行调整音量、调整音调、降低噪声、静音过滤等操作；提供回声、倒转、镶边、混响等多种特效；可以在多种音频格式之间进行转换。

（一）使用 GoldWave 录音

GoldWave 的界面由主窗口和控制器窗口组成。其中主窗口包括菜单栏、常用工具栏和特效工具栏、波形显示窗口；控制器窗口包括播放控制按钮和动态特效显示窗口，其作用是播放声音以及录制声音。

使用 GoldWave 可以录制从麦克风输入的声音，也可录制计算机中其他播放器通过声卡播放的音乐。其操作步骤如下：

①单击"常用工具栏"的"新建"按钮，在弹出的"新建声音"对话框中设置声音文件的声道数、采样速率、初始化长度，新建声音文件。

②单击控制器窗口中的"开始录音"按钮，开始录音。录制完毕后，单击控制器窗口中的"停止录音"按钮，停止录音。

③执行"文件 / 另存为"命令，打开"保存声音为"对话框，输入文件名，选择保存类型，并设置其音质，然后单击"保存"按钮。

（二）声音的编辑

GoldWave 可以对声音波形直接进行复制、剪切、剪裁、删除等编辑操作。在进行编辑操作之前首先需要选定波形。波形选择的操作步骤如下：

第一步，单击主窗口中"打开"按钮，选择一个需要编辑的声音文件打开，显示为两个声道的波形，表示该声音文件是立体声文件。其中绿色波形代表左声道，红色波形代表右声道。

第二步，在波形上单击，设置所选波形的开始点。

第三步，在波形上右击，打开快捷菜单，执行"设置结束标记"命令，设置所选波形的结束点。此时选中的波形以较亮的颜色并配以蓝色底色显示，未选中的波形以较淡的颜色并配以黑色底色显示。

1. 剪裁波形

剪裁波形的步骤如下：

①选中要剪裁的波形段。

②单击"常用工具栏"上的"剪裁"按钮，则未选中的较淡颜色的波形被删除，选中的高亮波形被自动放大显示。

2. 删除波形

删除波形的步骤如下：

①选中要删除的波形段。

②单击"常用工具栏"上的"删除"按钮，则选中的波形被删除，其他未选中的波形被自动放大显示。

3. 复制、粘贴波形

复制、删除波形的步骤如下：

①选中要复制的波形段。如果要复制整个波形段，可以不做选择波形的操作。

②单击"常用工具栏"上的"复制"按钮，将选中的波形段复制到剪贴板中。

③用鼠标单击目标位置，单击"常用工具栏"上的"粘贴"按钮，则剪贴板中的波形段插入选定位置。

4. 混音

所谓混音，就是将两个声音波形段进行混合。例如，制作配乐诗朗诵，可以利用混音来合成两个声音文件。其操作步骤如下：

①从素材库中打开两个声音文件。

②在一个声音文件窗口，单击"复制"按钮。

③选择"窗口"菜单，将波形窗口切换到另一个声音文件窗口，单击"混音"按钮，打开"混音"对话框，设置混音的起始时间，然后单击"确定"按钮，完成两个声音文件波形的混音。

（三）声音的特效处理

声音的特效处理包括调整音量、调整播放时间和播放速度添加回声、音乐淡入/淡出、消除音乐中的静音段等。

1. 调整音量

声音的音量大小与振幅有关。在 GoldWave 中调整音量的操作步骤如下：

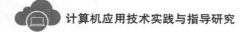

①打开需要调整音量的文件。

②单击"更改音量"按钮，或执行菜单"效果"→"音量"→"更改音量"命令，打开"更改音量"对话框。向右拖动"音量"滑块，则加大音量；向左拖动"音量"滑块，则减小音量。单击对话框中"播放"按钮，可以试听调整音量的效果。

2. 调整播放时间和播放速度

声音文件的播放速度如果降低，则播放时间加长；如果播放速度加快，则播放时间减少。播放速度与声音波形的周期有关。在 GoldWave 中可以使用时间弯曲功能调整声音文件的播放时间和播放速度。其操作步骤如下：

①打开声音文件。

②执行菜单"效果"→"时间弯曲"命令，打开"时间弯曲"对话框。拖动"变化"单选钮后面的滑块，可调整播放速度的百分比；拖动"长度"后面的滑块可以设置当前文件的总长度，单击"播放"按钮可以试听增加文件长度后的减速效果或减少文件长度后的加速效果。

3. 添加回声

回声就是将声音波形进行复制叠加，使得叠加后的波形比原波形延迟一段时间，从而达到回声的效果。

①打开需要添加回声的声音文件。

②单击"回声"按钮，或执行"效果"→"回声"命令，打开"回声"对话框。设置回声数量、延迟时间等，单击"播放"按钮，试听添加回声后的声音的效果。

4. 音乐淡入 / 淡出

在多媒体作品中通常设置背景音乐的进入方式为淡入，退出方式为淡出。其设置步骤如下：

①打开声音文件。

②单击"淡入"按钮，或执行"效果"→"音量"→"淡入"命令，打开"淡入"对话框。拖动"初始音量"后面的滑块到一定位置，在"渐变曲线"框中选择类型，单击"播放"按钮，试听添加淡入的声音效果。

③淡出的方法同淡入。

5. 消除音乐中的静音段

GoldWave 具有自动去除声音文件中的静音段的功能。其操作步骤如下：

①打开需要处理的声音文件，从主窗口显示的波形可以看出静音段。

②全选整个音频文件，单击"特效工具栏"中的"静音消除"按钮，打开"静音消除"对话框。选择"预置"中的选项设置即可。

五、语音合成与识别技术

语音是人类进行信息交流的媒介。如果计算机具有像人一样使用声音交流信息的能力，那么人与计算机之间就可以通过声音进行对话，这将改变目前人们主要通过键盘将信息输入计算机中，以及通过显示器屏幕来了解计算机的输出这一局面，即人机界面将进一步得到改观，人机交流将更加人性化。这一目标需要随语音处理技术的发展而实现。

语音处理就是利用计算机对语音进行处理的技术。它包括两方面的内容：一是使人们能用语音来代替键盘输入和编辑文字，也就是使计算机具有"听懂"语音的能力，这是语音识别技术；二是要赋予计算机"讲话"的能力，用语音输出结果，这是语音合成技术。

（一）语音识别技术

随着计算机技术的飞速发展，人与机器用自然语言进行对话的梦想正在逐步实现。进入 20 世纪 90 年代之后，语音识别的研究进一步升温，1997 年 9 月，IBM 公司率先在北京推出了中文连续语音识别系统 ViaVoice，它是适用于中文 Windows 95/98 上使用的普通话语音识别听写系统及相应的开发工具，无须指定说话人，无须专门训练，自由句式输入，每分钟可读入 150 个汉字，平均识字率超过 95%，自定义词组和用户添加词组达 6 万条，标志着大词汇量、非特定人、连续语音识别技术趋于成熟。

Windows 7 提供了语音识别功能，利用声音命令来指挥计算机，实现人机交互。在使用语音识别前，首先要设置麦克风、了解如何与计算机进行交谈以及训练计算机使其理解语音。启动语音识别的方法：单击"开始"→"所有程序"→"附件"→"轻松访问"→"Windows 语音识别"，或者在控制面板中单击"语音识别"选项打开语音识别窗口，从中选择它可以对计算机下达命令或输入文本。对于语音识别功能可能通过 Windows 帮助与支持中搜索"学习语音教程"来进一步了解。

语音识别技术所涉及的领域包括：信号处理、模式识别、概率论和信息论、发声机理和听觉机理、人工智能等。

（二）语音合成技术

语音合成，或者称计算机说话，包含两种可能实现的途径：

一种是像普通的录音机一样，使计算机再生一个预先存入的语音信号，不过这是通过数字存储技术来实现的。如果简单地将预先存入的单音或词组拼接起来也能做到让"机器开口"，但它是"一字一蹦"，机器味十足，人们很难接受。如果预先存入足够的语音单元，在合成时采用恰当的技术手段挑选出所需的语音单元，将它们拼接起来，也有可能生成高自然度的语句，这就是波形拼接的语音合成方法。为了节省存储容量，在存入机器之前还可以对语音信号先进行数据压缩。

另一种是采用数字信号处理的方法，用能表征声道谐振特性的时变数字滤波器，来模拟人类发声的过程。调整滤波器的参数等效于改变口腔及声道形状，达到控制发出不同音的目的，而调整激励源脉冲序列的周期或强度，将改变合成语音的音调、重音等。因此，只要正确控制激励源和滤波器参数（一般每隔10～30ms发送一组），这个模型就能灵活地合成出各种语句来，因此，又称为参数合成方法。

计算机输出的"合成语音"应该是可懂、清晰、自然、具有表现力的，这是语音合成追求的目标。

Windows带有一个称为"讲述人"的基本屏幕读取器，就是一个将文字转换为语音的实用程序。当使用计算机时，计算机会高声阅读屏幕上的文本并描述发生的某些事件。"讲述人"读取显示在屏幕上的内容包括：活动窗口的内容、菜单选项或键入的文本。

启动Windows"讲述人"功能的方法：单击"开始"→"所有程序"→"附件"→"轻松访问"→"讲述人"，打开"Microsoft讲述人"对话框，进行相应设置后即可体验"讲述人"的功能。

第三节　图像处理技术

一、数字图像基础知识

（一）图像的色彩模型

色彩空间模型是计算机用以表示、模拟和描述图像色彩的方法，常用的色彩模型有以下四种：

1. RGB 模型

RGB 色彩模型是工业界的一种颜色标准，是通过对红（Red）、绿（Green）、蓝（Blue）三个颜色通道的变化以及它们相互之间的叠加来得到各式各样的颜色的，现在所有的显示器都采用 RGB 值来驱动。这个标准几乎包括了人类视力所能感知的所有颜色，是目前运用最广的颜色系统之一。RGB 模型为图像中每一个像素的 RGB 分量分配一个 0 ~ 255 范围内的强度值，故它们按照不同的比例混合后可以获得 $256 \times 256 \times 256 = 16777216$ 种不同的颜色。例如：纯红色的 R 值为 255，G 值为 0，B 值为 0；灰色的 R、G、B 三个值相等（非 0、255）；白色的 R、G、B 三个值都为 255；黑色的 R、G、B 三个值都为 0。

2. CMYK 模型

CMYK 模型使用青（Cyan）、洋红（Magenta）、黄（Yellow）、黑（Black）四个色彩信道产生可在一台印刷机上打印的色彩。由于 RGB 模型显示的颜色多，主要是靠色光叠加形成，而印刷或打印图形图像画面时是以青、洋红、黄和黑四种颜色呈现在介质（纸或其他介质）表面上的。颜料（矿物或有机物）是吸收或反射色光的，颜料本身不发射光线，因此通过四色的组合和描述，产生印刷可见光谱中的大多数的颜色空间模型。CMYK 模型属于一种减法色彩模型，应用于打印模式。

3. HSB 模型

HSB 就是用色相（Hue）、饱和度（Saturation）、明度（Brightness）三个因素来描述颜色，它较为符合人眼感知色彩的方式。在该模型中，色相的取值单位是度，即角度（0 到 360 度），表示色相位于色轮上的位置（色相是从物体反射或透过物体传播的颜色）；饱和度的取值是百分比，是指颜色的强度或纯度，表示色相中灰色分量所占的比例，在标准色轮上，饱和度从中心到边缘递增，饱和度低色彩就接近灰色；明度也称为亮度，是颜色的相对明暗程度，通常用从 0%（黑色）至 100%（白色）的百分比来度量，亮度高色彩明亮，反之色彩暗淡，亮度最高得到纯白，最低得到纯黑。

4. Lab 模型

Lab 模型由照度（L）和有关色彩的 a，b 三个要素组成，是由国际照明委员会（CIE）于 1976 年公布的一种色彩模式。L 表示照度（Luminance），相当于亮度，a 表示从红色至绿色的范围，b 表示从蓝色至黄色的范围。L 的值域由 0 到 100，L=50 时，就相当于 50% 的黑；a 和 b 的值域都是由 +120 至 -120，其中 +120a 就是红色，渐渐过渡到 -120 的时候就变成绿色；同样原理，+120b 是黄色，-120b 是蓝色，所有的颜色就以这三个值交互变化所组成。Lab 色彩模型具有不依赖于设备的优点，还具有色域宽阔的优势，它不仅包含了 RGB、CMYK 的所有色域，还能表现它们不能表现的色彩。人的肉眼能感知的色彩，都能通过 Lab 模型表现出来。

（二）数字图像表示方法

在计算机中，表达图像有两种常用的方法：位图和矢量图。有时通过显示器看不出两种图的区别，但它们生成图的方法不同，也适用于不同的情况。

1. 位图

位图由数字阵列信息组成，阵列中的各项数字用来描述构成图像的各个点（像素）的位置、亮度和颜色等信息，可以装入存储器直接显示。也就是说位图是把一幅彩色图分成许许多多的像素，用若干个二进制位来表示每个像素的颜色、亮度和属性。因此计算机存储的其实是描述每个像素的数据，这些数据通常称为图像数据，这些数据所组成的文件称为位图文件。目前，常用的处理位图的软件有 Photoshop、PhotoDraw、FreeHand 等，最常用的是 Photoshop。

位图适用于表现具有丰富的层次和色彩、包含大量细节的图像，因为不需要计算，可以直接、快速地显示在屏幕上。位图的获取通常用扫描仪、摄像机、激光视盘与视频捕捉卡等设备，把模拟的图像信号变成数字图像数据。

位图的质量主要是由图像的分辨率和色彩位数决定。图像色彩丰富程度由色彩位数决定，图像实际显示的颜色还会受到显示器色彩位数的影响。由于要存储每一个像素的信息，位图文件占据的存储空间较大。一幅分辨率为 320×480 的彩色图像，每个像素采用 24 位量化，数据量约为 3.68MB。

计算未压缩位图的大小的公式如下：

文件大小 = 图像分辨率 × 色彩位数 /8（Byte）

2. 矢量图

矢量图用一组指令集合来描述图形的内容，这些指令用来描述构成图形的所有直线、圆、矩形、曲线等图元的位置、大小、颜色、形状和维数等。矢量图记录的是对图形性质的描述，这种方法实际上是用数学方法来描述一幅画。由于矢量图并不存储实际图形的数据，在计算机屏幕上显示矢量图形要有专门的软件，这些软件将描述的图形的指令转换成在屏幕上显示的形状和颜色。

矢量图主要适用于线型的图画、美术字和工程制图等。产生这类图形的程序常称为"绘图"（Draw）程序，它可以分别产生矢量图的各个片段，对各个部分可以很容易地进行移动、旋转、缩放和扭曲等变换，并将它们互相重叠，因此处理简单的图形的编辑相当容易。但复杂的图形不适合用矢量图表示，尤其是处理复杂的彩色照片。因为真实世界的彩照，很难用数字来描述，计算机要花费很长的时间去执行绘图指令，如著名的图形设计软件 AutoCAD，所使用的 DXF 图形文件就是典型的矢量化图形文件。常用的矢量图软件还有 Adobe Illustrator、CorelDraw、Flash、Fireworks、3ds max 等。

矢量图和位图相比，显示位图文件比显示矢量图要快；矢量图侧重于"绘制""创造"，而位图偏重于"获取""复制"；矢量图与分辨率无关，放大不影响图像的清晰度，位图会随着放大而变模糊，甚至产生马赛克现象。矢量图和位图可以通过软件进行转换。

（三）分辨率

分辨率是计算机描述和显示数字化图像的重要指标，常见的有以下几种：

1. 显示分辨率

显示分辨率是指显示屏上能够显示出的像素数目，也称屏幕分辨率。例如，显示分辨率为 640×480 表示显示屏分成 480 行，每行显示 640 个像素，整个显示屏就含有 307200 个显像点。显示分辨率与显示系统的软硬件及显示模式有关，标准 VGA 图形卡的最高分辨率为 640×480。

2. 图像分辨率

图像分辨率是指组成一幅图像的像素的度量方法。简单地说就是图像水平与垂直方向的像素个数。对同样大小的一幅画，如果组成该图的图像像素数目越多，则说明图像的分辨率越高，图像就越逼真。图像分辨率与其在屏幕上显示的大小直接相关，一幅分辨率为 640×120 的图像，在 VGA 显示器上占据 1/4 的面积；而分辨率为 2400×3000 的图像在这个显示屏上就不能显示完整的画面。

3. 扫描分辨率

扫描分辨率表示一台扫描仪输入图像的细微程度，指每英寸扫描所得到的点，单位是 DPI。数值越大，表示被扫描的图像转化为数字化图像越逼真，扫描仪质量也越好。

4. 打印分辨率

打印分辨率表示一台打印机输出图像的技术指标，由打印头每英寸输出数目决定，单位也是 DPI，高清晰度的打印超过 600DPI。

（四）色彩位数

色彩位数也称像素深度、图像深度，是指存储每个像素所用的二进制位数，它决定了彩色图像的每个像素可能有的颜色数，或者确定灰度图像的每个像素可能有的灰度级数。像素深度和图像所占用的存储空间成正比。例如，某单色图像，若像素深度为 8，则可以显示出 2^8=256 种不同的深浅程度的颜色。表示一个像素的位数越多，它能表达的颜色数目就越多，而它的深度就越深。

多媒体应用中推荐至少用 8 位 256 种颜色。由于设备的限制，加上人眼分辨率的限制，一般情况下，不一定要追求特别深的像素深度。

（五）获取数字化图像

通常需要将原始图像，如绘画、照片、杂志、视频截图等进行数字化，才能进行计算机处理。数字化的方式主要是使用数码相机扫描仪、视频捕捉卡等，艺术设计类专业人员也使用连接在计算机上的数字画板直接绘图。

1. 使用数码相机

数码相机的工作原理：首先通过镜头接收光线，然后被称为电耦合元件（CCD）的摄影元件（有时也使用 CMOS 传感器）将所接收的光线转换成电信号，最后将电信号作为数据记录到内置存储器和存储卡中。在使用数码相机的过程中，要注意其最高分辨率，如 1600×1200，前者是指图像长度的像素值，后者是图像宽度的像素值，两者的比值通常是 4：3，两者相乘的值即图像的像素值，也就是该数码相机的分辨率（如 200 万像素）。通常数码相机提供多种不同的分辨率，用户可根据需要选择，分辨率越高则所需存储空间越大。

2. 使用扫描仪

扫描仪的工作原理：首先对原稿进行光学扫描，然后将光学图像传送到光电转换器中变为模拟电信号，再将模拟电信号变换成为数字电信号，最后通过计算机接口送至计算机中。扫描仪的光学分辨率是决定其性能的最重要指标。在使用扫描仪时，将其与计算机接口正确连接后，还要安装相应的软件才能进行扫描，扫描后的数字图像可以直接存储在计算机上。

3. 使用视频捕捉卡

视频捕捉卡需要占用电脑的一个扩充槽，通过它将视频信号由放像设备捕捉入计算机。一般来说，视频捕捉卡都附带一个扩展坞，上面提供用以连接放像设备的各种插口。因为数字化的视频信号所占硬盘空间都非常大，所以很多捕捉卡在采集视频信号的同时对信号进行压缩，以避免在 CPU、数据桥（连接捕捉卡和计算机）以及写入硬盘时可能出现的部分视频内容（帧）丢失。但是，视频捕捉的图像质量通常无法与数码相机拍摄的相媲美。

二、数字图像文件格式

由于原始的数字图像数据会占据较大的空间，因此计算机在处理、存储和传输它们时需要进行压缩编码，从而产生了各种不同的数字图像格式。

（一）BMP 文件

BMP 是基本位图格式，与设备无关，是 PC 的 Windows 和 macOS 操作系统下图形图像的基本位图格式。BMP 文件有压缩和非压缩之分，一般作为图像资源使用的都是不压缩的，它支持黑白、16 色和 256 色伪彩色图像和 RGB真彩色图像。

（二）GIF 文件

GIF 文件产生的目的就是为了在不同的平台上进行图像交流，它最大不能超过 64MB，具有 8 位颜色格式（最多显示 256 色）。GIF 文件采用无损压缩方式，压缩比例小于 JPEG 格式，支持透明色和颜色交错，压缩比高，文件小。GIF 文件主要用于包含纯色的图像，如插图、按钮、图标、草图等，不适用于照片。GIF 图像有两种主要的规范，即 GIF87a 和 GIF89a，后者支持图像内的多画面循环显示，可以用来制作小型的动画，现有万维网（WWW）上的许多微型动画就是用这种方法制作的。GIF 格式已成为网上最流行的图像文件之一。

（三）JPEG 文件

JPEG 是可缩放的静态图像压缩格式，可以调整压缩比率，支持 24 位真彩色，采用有损压缩方式，能以很高的压缩比率来保存图像，文件非常小而图像质量损失不多。它适用于处理大量图像的场合和经常缩放、变换的 Web 站点，也是现有 WWW 最流行图像格式之一。JPEG 格式适合保存照片或超过 256 色的图像，常用于自然风景照、人物及动物的彩色照片、大型图像等。但它是一种有损压缩的编码格式，是以牺牲图像中某些信息为代价换取较高的图像压缩比，一般不适合用来存储原始图像素材。

其他的还有 TIF 文件、WMF 文件、PCD 文件、PSD 文件、PNG 文件等。

三、数字图像数据压缩

因为高分辨率的图像要占用大量的内存和硬盘空间，所以要通过压缩来减少图像存储时的数据量。压缩方法有无损压缩和有损压缩两种。无损压缩确保还原后的图像与压缩前一样，行程长度编码（RLE）法是一种典型的无损压缩法。有损压缩会丢失一些数据，无法将图像还原到原始图像的状态，JPEG 是目前最常用的图像有损压缩方法。通常，用于屏幕观看的图像可使用有损压缩方法处理；而用于打印的图像需要较高的分辨率，最好使用无损压缩以确保清晰度。

（一）RLE 法

RLE 的工作机理是用两个数替代图像文件中表示像素值的数字重复的序列：一个数指定了行程的长度（数值重复的数目），另一个数表示数值本身。这个压缩过程没有丢失任何文件信息，是一种无损压缩的方式。大部分含有相邻像素等值冗余码的图形图像文件的压缩（如 PCX、BMP 等）都利用了这种方法。无损压缩可以减少存储时所占的硬盘空间，却不能减少图像处理时的内存占用，因为图像处理软件会将丢弃的重复信息补充到原来位置。

（二）JPEG 有损压缩

JPEG 有损压缩的原理是根据重要等级分离图像中的信息，然后为了减少必须存储的数据量，去掉一些不太重要的信息。JPEG 有损压缩允许用户指定质量因子，高质量因子保留更多的图像细节，但是产生了较低的压缩率；低质量因子产生了较高的压缩率，但是图像较模糊。JPEG 压缩过程比较复杂，会丢弃图像中的高频成分，保留低频成分，因为人的眼睛对于颜色中的高频成分变化不太敏感，对图像的注意力会停留在低频成分上。因此图像解压缩时，结果像素值不一定与原来一样，但感觉差异不大。

当用 RLE 或 JPEG 压缩全彩色图像时，红、绿、蓝三色处于不同的通道，是分别压缩的。如果是调色板彩色位图图像或单纯浓淡的灰度位图图像，只需对像素值进行一遍压缩编码。

四、数字图像的处理工具

（一）Photoshop 的基本知识

Photoshop 是美国奥多比（Adobe）公司开发的专业图形图像处理软件，由于其丰富的内容和强大的图形图像处理功能而深受艺术、设计、建筑等专业领域用户的欢迎，成为图形图像处理领域的王牌软件。Photoshop CC 是较新的版本，提供了各种功能强大的实用工具。

Photoshop CC 不仅能处理各种模式的彩色图像（RGB、CMYK、Lab、多通道），还能处理位图（只表现黑色白色的图像）、灰度图（表现 256 种阴影的图像，效果如黑白照片）、双色调（表现 2～4 种颜色组成的图像，效果如杂志插页，制作双色调图必须先把彩图转化为灰度图）。

（二）Photoshop 的操作界面

如许多软件一样，Photoshop 操作界面上包括：菜单栏、选项栏、工具栏、图像窗口、浮动面板等。

（三）工具箱

在工具栏上，许多工具图标的右下角有黑色箭头，这表示有相关工具可供选择。

（四）各种面板

Photoshop 的面板包括导航器面板、动作面板、段落面板、工具预置面板、画笔面板、色板面板、图层面板、历史记录面板、信息面板、颜色面板、通道面板、路径面板、样式面板、直方图面板、字符面板等。最常用的面板有以下几种。

图层面板：图层相当于电子画布，利用图层面板，可以建立、隐藏、显示、复制、合并、删除图层，可以设置图层样式和对图层填充颜色，也可以调整图层的前后位置。

历史记录面板：可以帮助存储和记录操作过的步骤，利用它可以回复到数十个操作步骤前的状态，对于纠正错误编辑很方便。

颜色面板：拖移颜色区块下方的三角形游标可以调整色彩，所选择的前景色和背景色会显示在面板的上方。

通道面板：通道用于存储不同类型信息的灰度图像，打开新图像时，会自动创建颜色信息通道。图像的颜色模式确定所创建的颜色通道的数目。利用"通道面板"可以创建并管理通道，以及监视编辑效果。该面板列出了图像中的所有通道，首先是复合通道（对于 RGB、CMYK 和 Lab 图像），然后是单个颜色通道，专色通道，最后是 Alpha 通道。通道内容的缩览图显示在通道名称的左侧；缩览图在编辑通道时会自动更新。

路径面板：路径面板列出了每条存储的路径、当前工作路径和当前矢量蒙板的名称和缩览图像。减少缩览图的大小或将其关闭，可在路径面板中列出更多路径，而关闭缩览图可提高性能。要查看路径，必须先在路径面板中选择路径名。

五、数字图像的处理技术

数字图像的处理主要操作有：部分图像对象的选择；图像颜色模式变换；大小缩放、剪切、翻转、旋转、扭曲；多幅图像的编辑、合成；添加马赛克、模糊、玻璃化、水印等特殊效果；图像文件格式转换和打印输出，等等。下面介绍 Photoshop 的应用技术。

（一）图像文件基本操作

图像文件基本操作包括打开图像、新建图像和保存图像。图像可以直接保存，也可以保存为 Web 所用文件。创建新图像文件需要设定图像的高度、宽度、色彩模式、背景颜色和分辨率。

因为图像附着在画布上，所以旋转画布时，画布上的图像、图层、通道等所有元素随之旋转。如果只想旋转部分图像，应使用编辑菜单中的"变换"工具。

可以利用各种工具（缩放工具、抓手工具、导航器面板）改变图像显示方式。可使用裁切工具保留部分图像。

（二）颜色选择

图像的背景色是删除背景图层的内容后显示的颜色；前景色是画笔工具涂抹的颜色。两者可以相互切换。使用拾色器可以选择颜色，注意"打印时颜色超出色域""不是 Web 安全颜色"两种色彩提示，也可以选择"仅 Web 颜色"以限制颜色在网络可以正常显示的范围。Photoshop 可提供各种色彩模式来选择颜色。

（三）使用选区

Photoshop 可以用各种方法指定选区：一是根据图像形态，用选框工具和套索工具指定选区；二是根据颜色信息，用磁性套索工具和魔棒工具指定选区。还可以用蒙板工具来选择复杂的图像，用白色画笔工具涂抹到的地方将设置为选区，用橡皮擦工具（或黑色画笔）消除选区。

对于所有选择工具，直接使用可以设定新选区；按住"Shift"键，将在选区基础上添加选区；按住"Alt"键，将从选区中删除后选的区域。可以用"选择"→"取消选区"命令取消选区，或直接用"Ctrl+D"组合键来做。

羽化选项是一种对选区的像素边线的处理方式，可取值（0～250），值越高边缘越柔和，可填充柔和的渐变色。如要制作灯光效果，就可以对圆形选区设置一定的羽化值。

小提示 1：用磁性套索工具进行选择时，要注意：当要选择的图像边线清晰，将磁性套索工具的宽度、边缘对比度值设置高一些；当边线不明显时，值应低一些。类似，魔棒工具的容差值越高，选择的颜色范围越广。不选择"连续"选框，被其他颜色分离的同种颜色将被选中。

小提示 2：可以利用选择菜单修改选区、保存选区。选区将被保存在 Alpha 通道上，可以载入选区以重复使用。"反选"命令可以设置未被选择的区域为选区。

（四）应用画笔

Photoshop 预设了各种画笔供选用，用户还可以自己定义画笔形态、大小，调节填色模式、透明度等，使画笔表现力更丰富一些。如要绘制一群大雁的效果，就可以把一只大雁的形状定义为画笔，用这种画笔来轻松绘制任意只大雁。

Photoshop 使用各种工具为图像上色或去色，用橡皮擦工具擦普通图层后显示透明，擦除背景图层后显示背景色。

使用渐变工具能实现各种渐变效果，有线性渐变、径向渐变、角度渐变、对称渐变、菱形渐变等样式供选择，用户可以自己定义实施渐变的颜色。如要表现蓝天效果，只需用蓝白线性渐变工具填充选区就可以了。

（五）修改和复制

在图像处理过程中，为了达到理想效果，需要不断修改，因此常用到历史记录面板。历史记录面板记录了每一步操作，可以帮助使用者恢复到以前的状态。

除此之外，Photoshop 还提供了多种复制、复原工具，如复原画笔工具、修补工具、历史记录画笔工具等，其中仿制图章工具十分常用。使用仿制图章工具首先要按住"Alt"键取样，然后用涂抹的方式复制；"对齐"选项使复制的图像参照首次复制的位置，不选择"应用于所有图层"选项只复制当前图层的内容，选择后可以将所有图层的内容同时复制。如想合成双胞胎效果，只需在适当的位置将对象分两次涂抹到背景上即可。

（六）文字工具

使用文字工具可以方便地输入文字：用字符面板可以修改文字的字体、字号、颜色；用段落面板可修改排列和缩进效果。还可用文字变形工具制作特殊的变形效果。

文字工具是四种具体工具的集合：横排文字工具、直排文字工具、横排文字蒙版工具、直排文字蒙版工具。前两种工具能在图像上"写字"，而后两种工具的作用是生成"文字形状"的选区。例如，要添加实心字，应使用普通文字工具；要添加空心字，则应该使用文字蒙版工具设置选区，然后再"描边"。

小提示 3：按住"Ctrl"键在图层面板上单击任何图层，该图层上的内容都被设置为选区。

（七）图像调整功能

Photoshop 具有强大的图像调整功能，在图像菜单的"调整"选项下，有多种可以选择的调整图像的方式。其中，图像的色调和色彩是影响一幅图像品质最为重要的两个因素。当图像偏亮或偏暗时，可以用色阶、曲线、亮度、对比度等命令进行调整。

"色阶"命令使用高光、暗调和中间调三个变量来对图像进行调整。利用"输入色阶"编辑框，可使较暗的像素更暗、较亮的像素更亮；利用"输出色阶"编辑框，可使较暗的像素变亮、较亮的像素变暗。

利用"曲线"命令，用户可以通过调整曲线表格中曲线的形状，综合地调整图像的亮度和色调范围。较之"色阶"命令，"曲线"命令可以调整灰阶曲线中的任何一点。

利用"亮度 / 对比度"命令，可以通过滑块方便地调整图像的高度和对比度。

（八）使用图层

图层就像一张透明的画布，在它上面，可以涂抹各种色彩、各种线条。当多个图层被重叠起来后，通过控制各个图层的透明度以及图层色彩混合模式，可以创建丰富多彩的图像特效。而这些图像特效是手工绘画无法表现出来的。因此，掌握图层的操作，对于图像处理而言，是一个关键性的操作技能。

图层的应用可以通过图层菜单或通过图层面板来实现。

小提示 4：背景图层比较特殊，当某些处理受限制时，可以双击背景图层使之转化为普通图层再进行处理。普通图层也可通过"图层"菜单的"新建图层背景"命令转化为背景图层。

（九）运用图层样式

图层样式是在不改变原图像的基础上，修改图像效果，此效果可随时删除。

一个图层可应用多个样式，但是背景图层不能应用图层样式。

图层样式主要有投影、内阴影、内发光、外发光、斜面与浮雕、光泽、颜色叠加、渐变叠加、图案叠加、描边等效果，可以根据需要选择和搭配。

小提示 5：图层蒙板是一种很重要的用于图层合成的工具。在添加蒙板的图层上，蒙板中白色的区域将显示本图层的画面，黑色部分将起到"穿透作用"，显示下一图层的内容，其他颜色则根据深浅显示出不同程度的半透明效果。

（十）运用滤镜

滤镜是一系列的特效工具，其原理是按照特定规则，重新排列构成图像的像素，制作全新形态的图像。滤镜对各种颜色模式有使用限制：RGB 模式可使用全部滤镜，位图（Bitmap）模式和索引颜色（Index Color）模式不能应用滤镜，CMYK 模式不能使用"艺术化"等部分滤镜。滤镜的使用方法有两种：一种是直接应用于整体图像；另一种是先设置选区，再局部运用滤镜。

滤镜工具多种多样，Photoshop CC 提供了以下滤镜：进行像素艺术制作的像素化滤镜；可扭曲图像的扭曲滤镜；用于调整图像像素的杂色滤镜；制作柔和动感效果的模糊滤镜；用于产生特效的渲染滤镜；表现画笔效果的画笔描边滤镜；制作素描效果的素描滤镜；在图像上运用多种材质的纹理滤镜；制作艺术作品的艺术效果滤镜；用于调整图像清晰度的锐化滤镜；进行风格化特效制作的风格化滤镜等。

第四节　动画处理技术

动画作为一种表现力丰富的多媒体形式，在社会生活中得到了广泛的应用。动画制作也从传统的手工绘制时代进入了计算机时代。

一、动画基础知识

（一）动画的原理

动画的实质是一幅幅静态图像的连续播放，其利用了人的视觉暂留现象。人眼在观察景物时，光信号传入大脑神经，需经过一段短暂的时间，光的作用结束后，视觉形象并不立即消失，这种残留的视觉称"后像"，视觉的这一现象则被称为"视觉暂留"。视觉暂留现象是由视神经的反应速度造成的，其时值是二十四分之一秒，因此是动画、电影等视觉媒体形成和传播的根据。

传统动画是将内容连续的图像绘制在胶片上，每一张胶片称为一帧，当胶片连续放映时就产生了运动的错觉。计算机制作的动画也包括许多帧，每一帧都与前一帧略有不同。但与传统动画的区别在于，人们不用绘制每一帧的内容，只需要定义关键帧（每一个关键帧都包含了任意数量的符号和图形，是表征对象变化的关键性画面），而中间的过渡效果由计算机自动生成，这样就能大大减少工作量。

（二）计算机动画的类型

计算机动画通常有三种：二维动画、三维动画和虚拟现实。

1. 二维动画

二维画面是平面上的画面，是对手工传统动画的一个改进。其要点是输入和编辑关键帧，计算和生成中间帧，定义和显示运动路径，交互式给画面上色，产生一些特技效果，实现画面与声音的同步，控制运动系列的记录，等等。可以用 Java、VB 等程序设计语言来设计二维动画，但更常用的是宏媒体（Macromedia）公司出品的矢量图形编辑、动画制作的专业软件 Flash 和用于制作短小图形交换格式（GIF）动画的 GIF Animator。

2. 三维动画

三维动画又称 3D 动画，是具有空间感的立体动画。三维动画软件在计算机中首先建立一个虚拟的世界，设计师在这个虚拟的三维世界中按照要表现的对象的形状尺寸建立模型以及场景，再根据要求设定模型的运动轨迹、虚拟摄影机的运动和其他动画参数，最后按要求为模型附上特定的材质，并打上灯光。当这一切完成后就可以让计算机自动运算，生成最后的画面。常用的三维动画软件有 3ds MAX、Cool 3D、MAYA 等。

3. 虚拟现实

虚拟现实（Virtual Reality，VR），又称灵境技术、假想现实，意味着"用电子计算机合成的人工世界"，是以沉浸性、交互性和构想性为基本特征的计算机高级人机界面。它综合利用了计算机图形学、仿真技术、多媒体技术、人工智能技术、计算机网络技术、并行处理技术和多传感器技术，模拟人的视觉、听觉、触觉等感觉器官功能，使人能够沉浸在计算机生成的虚拟境界中，并能够通过语言、手势等自然的方式与之进行实时交互，创建了一种适人化的多维信息空间。使用者不仅能够通过虚拟现实系统感受到在客观物理世界中所经历的"身临其境"的逼真性，而且能够突破空间、时间以及其他客观限制，感受到真实世界中无法亲身经历的体验。生成虚拟现实需要解决以下问题：以假乱真的存在技术；相互作用；自律性现实。在虚拟现实环境中，观察者、传感器、计算机仿真系统与显示系统构成了一个相互作用的闭环流程。

二、二维动画软件 Flash

（一）Flash 发展简介

Flash 的前身叫作 Future Splash Animator，由美国的乔纳森·盖伊在 1996 年夏季正式发行。

1996 年 11 月，其被 Macromedia 公司并购，改名为 Macromedia Flash 1.0。2005 年 Macromedia 公司推出 Flash 8.0 版本，成为全球最流行的二维动画制作软件，同年被 Adobe 公司收购，并于 2008 年发行 Flash CS4。2013 年发行了全新的 Adobe Flash CC。

（二）基本术语及概念

了解下列基本术语和概念，可以更方便地使用 Flash。

1. 层

Flash 中的层（Layer）与 Photoshop 中的图层类似，是为了制作复杂动画而引入的解决手段。形象地说：在两块透明的玻璃上分别绘制一个图像，然后，将两块玻璃重叠，只要图像不互相遮挡，你看到的将是两个图像合在一起的图像。层在 Flash 中的应用就好像这里的玻璃一样，它可以将一个大型的动画划分成很多个在各个层上的小动画，具有不同运动方式的动画对象应放置在各自独立的层上。

2. 帧

帧（Frame）是构成 Flash 作品的基本元素，对于只用一个层的 Flash 作品，帧就是此作品在各个时刻播放的内容，相当于电影胶片。在时间轴窗口中，帧是用小矩形的方格表示的，一个方格表示一帧。由于 Flash 中引入了层的概念，所以，对于有多个图层的 Flash 作品来说，某一时刻播放的内容将是各个图层上这一时刻帧中内容的叠加。

时间轴面板中的帧分为两种：关键帧和普通帧。关键帧是指在这一帧的舞台中实实在在存在的一个对象。如果关键帧的舞台中是空的，那么这个关键帧就被称为空白关键帧。普通帧是指在这一帧的舞台中可以看到对象，但它是延续上一个关键帧的内容，如果上一个关键帧上的对象改变了，那么这个普通帧上的对象也随之改变。

3. 交互

交互（Interactivity）的含义：程序不只是按顺序执行，它的执行还要依赖于用户的操作，根据用户的操作来决定程序的运行，用户的操作称作事件（Event），而程序下一步的执行就称作响应（Response）。使用 Flash 软件，可以轻松制作出具有交互功能的动画。

4. Alpha 通道

Alpha 通道是决定图像中每个像素透明度的通道，它用不同的灰度值来表示图像可见度的大小。在 Flash 中，Alpha 通道的透明度可设置为 0 ～ 100%，取值为 0（纯黑）时则表示完全透明，取值为 100%（纯白）时则表示完全不透明，介于二者之间的为部分透明，因此可以轻松制作渐隐渐现的动画效果。

（三）Flash CC 的工作环境

1. 场景

Flash 动画文件具有这样的层次结构：一个 Flash 动画文件可能包含几个场景（Scene），每个场景中又包含若干层，每一层有若干帧。各场景相互独立，各表现一段特定主题的动画。Flash 利用不同的场景组织不同的动画。工作区是用户设计动画和布置场景对象的场所，工作区中间的白色矩形区域是舞台。在动画播放时，放置在工作区中灰色区域里的对象不可见，只有在舞台中的对象才可见。

2. 时间轴

时间轴（Timeline）分为左右两个区域：层控制区和时间轴控制区。层控制区与时间轴控制区一起，以帧为单位记录各个时刻动画的不同状态，设计时可以通过时间轴来安排动画的运动顺序和控制整个动画的流程。

层控制区位于时间轴的左边，是进行层显示和操作的主要区域，由层示意列和几个有关层的操作功能按钮组成。当层很多时，时间轴的右边会出现上下滚动条，用以显示所有的层，还可以调节时间轴和层的大小。

时间轴控制区位于时间轴的右边，主要由若干行与左边层示意列对应的动画轨道、轨道中的帧序列、时间标尺、信息提示栏以及一些用于控制动画轨道显示和操作的工具按钮组成。时间轴用于组织动画各帧的内容，可以控制动画每帧每层的显示内容，还可以显示动画播放的速率等信息。将播放指针沿着时间轴移动到某一位置，表示动画播放到该时刻，舞台上显示的画面，即该时刻的动画画面。时间轴的标尺显示出动画的帧数。

3. 工具箱

工具箱（Toolbox）提供了绘制、编制图形的工具。利用工具箱中的工具，可以在画板上绘制出动画各帧各层的内容，并对它们进行编辑和修改。也可以利用这些工具对导入的图形进行编辑操作，工具箱最下端是当前工具的一些具体选项。

4. 库

每个 Flash 文件都有一个符号库（Library），用于存放元件、位图、声音以及视频文件等内容，这些符号是可重复使用的动画元素。

符号库中的各项目可通过文件夹进行组织和管理。符号库中列出了项目的名称、类型、在文件中使用的次数以及最后一次改动的时间。可以按上述任意一种方式对库中项目进行分类排列，如同 Windows 资源管理器中的文件夹管理。符号库最下方的四个按钮可以实现新建元件、新建文件夹（当符号较多，需要分类管理时使用）、查看属性和删除的作用。单击符号库中的一个项目时，在符号库上部的预览区中可以预览符号的内容。

5. 元件

元件（Symbol）是在 Flash 中创建的动画元素，保存在库中，可在动画中重复使用，分为图形、按钮、影片剪辑三类。元件可以是 Flash 自己创建的矢量图形，也可以把从外部导入的 JPG、GIF、BMP 等多种 Flash 支持的图形文件转化为元件。从库面板中将元件直接拖拽到 Flash 的工作区域后，即可创建出这个元件的一个实例，此时实例继承元件的属性。图形元件由静止图像构成。按钮元件有弹起、指针经过、按下、单击四种状态，主要用于控制动画播放和制作交互效果。影片剪辑元件就是一段小动画，有独立的时间轴，不依赖于具体场景的时间轴而自动播放。

6. 面板

Flash 面板（Panel）中最常用的是属性面板，包含了一些常用的编辑功能（如设置实例的位置坐标、补间动画，设置如颜色、字体和字号等各种属性，显示各种 Flash 元素的状态等）。其他面板则承担各自的功能，如动作和行为面板主要实现动画的交互和跳转，对齐、变形和信息面板主要用于动画对象的调整。所有的面板都可以通过"窗口"菜单调出或隐藏。

（四）Flash CC 的基本操作

1. 创建动画文件和设置动画的属性

启动 Flash CC，使用者要选择"打开最近项目"，或"新建"，或"从模板创建"。如果选择"新建"下的"Flash 文档"，就将创建一个全新的动画文件。这个文件有默认的属性，要修改可单击属性面板上的表示大小的按钮（或使用"修改"→"文档"菜单命令），打开文档属性对话框，设置画布尺寸、帧频（帧 / 秒，FPS）、背景颜色、标尺单位等属性。

2. 预览和测试动画

制作 Flash 动画时，需要对所做的动画及其交互功能进行预览和测试。

可单击"窗口"→"工具栏"→"控制器"，打开"控制器"面板，利用"控制器"面板上的按钮来控制动画的播放；也可通过"控制"菜单预览和测试动画。如果要测试所有动画及其交互功能，选择"控制"→"测试影片"，将生成一个 .swf 文件，并在 Flash 播放器窗口中播放。

3. 发布 Flash 动画

在完成动画制作后，需要将动画发布，以便传送到网站上，或由其他应用程序使用。可单击"文件"→"发布设置"，在"发布设置"对话框中进行设置。

设置时需要注意相应的文件格式：Flash 编辑文档的保存格式是".fla"，而 Flash 动画文件的格式是".swf"。如果选择了发布为 HTML 格式，则将同时生成一个".html"文件，可以直接放到网上。Flash 还能发布为 GIF 动画，该格式比较适合简单、小体积动画内容，不适合长时间的复杂动画。

三、Flash 动画制作技术

Flash 最主要的功能是制作矢量动画。Flash 动画主要有两种基本形式：逐帧动画和补间动画（又称渐变动画）。下面将介绍制作各种 Flash 动画的基本过程和方法。

（一）逐帧动画

Flash 逐帧动画借用了传统的动画制作方式，在每一个连续的关键帧都设置不同的内容（可以直接用 Flash 提供的工具绘制，也可导入系列图片），各帧连续播放时就可以看到动画效果。这种通常用于复杂的动画，如人走路、奔跑、鸟儿飞翔等。

（二）补间动画

补间动画（也称渐变动画）是 Flash 软件对传统逐帧动画的发展，体现了 Flash 的优点，它只要创建动画起始状态和结束状态两个关键帧，中间的逐渐过渡效果由计算机根据首尾帧的内容和动画属性自动生成。根据动画对象的不同，补间动画分为形状补间动画（变形动画）和动作补间动画（运动动画）。

1. 形状补间动画

形状补间动画是指在两个图形对象之间的变换，通常用于制作两个图形（在 Flash 中称为"形状"）相互转换的动画效果；其变化效果是由 Flash 来控制的，在时间轴上显示为一个有绿色底纹的实线箭头。例如，从圆形变成三角形，从"hello"变成"你好"。如果时间轴上出现了"虚线"，表示补间动画有问题，初始或者结束的关键帧上不是"形状"。

2. 动作补间动画

动作补间动画是指同一个对象（元件）不同状态的变化，通常用于制作对象的位移、变形、旋转、颜色渐变、透明度变化等动画效果。其变化过程是由 Flash 来控制的，在时间轴上显示为一个浅紫色底纹的实线箭头。如果时间轴上出现了"虚线"，同样表示动作补间动画有问题，初始或者结束的关键帧上不是"同一个元件"。形状补间动画和动作补间动画的本质区别：前者是绘制的图形的变化；而后者是"元件"的变化。

①位置移动动画的要点是用两个关键帧分别存放初末位置不同的同一元件。

②比例变化动画和角度变化动画的要点是选中要调整的对象，单击菜单栏的"修改"→"变形"命令。

③颜色变化动画的要点是在属性面板中的颜色属性里有一个下拉列表，其中"无"为默认值，表示不对组件的颜色进行修改；"亮度"表示调整当前组件颜色的亮度而不是改变颜色本身；"色调"是改变组件本身的颜色；"高级"是这几个参数的综合设置。

④透明度变化动画是利用属性面板的颜色属性设置"Alpha"值以改变组件的透明度，影片淡入淡出效果经常要用到它，类似于颜色变化。

动作补间动画比形状补间动画使用更广泛，同样的效果如果两者都能实现应首选动作补间动画，因为元件存储后可重复使用，动画文件小。

（三）特殊形式动画

用 Flash 还可以制作两类特殊形式的动画：曲线运动补间动画和遮罩动画。

1. 曲线运动补间动画

曲线运动补间动画可以通过两种方法实现：一种是用创建补间动画的命令；另一种是通过添加引导层实现。这种动画是动作补间动画的一种，能让对象沿着指定路径运动，这个固定路径只能是线条（可以一条或多条），是在"引导层"中绘制出来的。"引导层"在 Flash 中有两个作用：一个作用是用于注释图层，这个图层在动画播放时不显示，只起到辅助图层的作用；另一个作用是引导对象（在被引导图层中的元件）沿着绘制的路径运动。曲线运动补间动画通常用于制作一些运动轨迹不规则的动画，如自然飘舞的雪花、水中漂浮的漂流瓶等。

2. 遮罩动画

遮罩动画是通过多个图层的配合来实现的，一个图层是"遮罩层"，其他图层是"被遮罩层"。"遮罩层"是一种特殊的层，可以把它想象成一块镂空板，镂空的形状就是层中的图形或元件。当把某一层定义为"遮罩层"时，"被遮罩层"上的图像被"遮罩层"中的元件或者图形遮住，只有"遮罩层"中填充色块下的内容是可见的，而"遮罩层"的填充色块本身则不显示。在遮罩动画中，无论是"遮罩层"还是"被遮罩层"，都可以有自己独立的动画形式，或是静止，或是动作或形状补间动画。遮罩动画可以实现丰富的效果，如望远镜、放大镜效果等。

（四）骨骼动画

Adobe Flash CC 专业版提供了一个全新的骨骼工具，可以很便捷地把影片剪辑元件的实例或矢量图形对象连接起来，形成父子关系，来实现类似于关节骨骼的运动。

（五）控制动画播放

通常 Flash 动画都会设置一些交互性的措施，使观看者可以控制动画的播放。在 Flash 的"动作"面板上，最常见的是设置两类动作：一类是"帧动作"，即动画播放到该帧时自动引发的动作，如停止播放、跳转、停止播放声音等；另一类是"按钮动作"，即通过用户单击按钮而激发的动作，如重新播放、停止、快进、后退等。如果要制作复杂的交互效果，如 Flash 游戏，则需要掌握 Flash 内置的动作脚本语言（ActionScript）。

（六）为动画配音

为 Flash 动画配音的操作十分简单，只需将相应的音频文件导入库中，选中要插入音频的关键帧（普通帧不能作为音频起始帧），在属性面板的"声音"下拉菜单中选择该音频文件即可。添加音频后，还可以在下面的"效果"和"同步"中设置声音的具体播放次数、播放音效等。值得注意的是，为动画配音最好事先用软件将声音裁剪为合适的长度，否则当动画自动重复播放时，尚未播放完的声音会与再次播放的声音叠加而产生噪声。

第五节　视频信息处理技术

视频是一种活动景象，由一幅幅单独的画面序列组成，每一幅画面称为一帧。通常伴随视频图像的还有一个或多个音频轨道，以提供配套的声音。视频与动画的原理是一样的，都是利用人眼的视觉暂留现象，将足够多的画面连续播放以实现动态效果。帧运动速率单位是帧/秒（FPS），当达到 12FPS 以上时，人们才能看到比较连贯的视频图像；如果在 15FPS 之下，将产生明显的闪烁感，甚至停顿感；如果能够达到 20FPS，人的眼睛就觉察不出画面之间的不连续性；若提高到 50FPS，甚至 100FPS，则感觉到图像极为稳定。电影是以每秒 24 帧的速度播放的，而电视则依视频标准的不同，播放速度有 25FPS 和 30FPS 之分。

一、数字视频文件格式

视频影像文件主要有影像格式（Video Format）和流格式（Stream Video Format）两类，具体文件格式取决于视频的压缩标准。常见的视频文件主要有以下几种格式。

（一）AVI 格式

AVI 即音频、视频交错格式（Audio Video Interleaved），是将视频和音频同步组合在一起播放的文件格式。该格式是 Windows 系统中较常用的动态图像格式，可在 Windows Media Player 中直接播放。AVI 文件使用的压缩方法有多种，主要采用了英特尔公司的 Indeo 视频有损压缩技术，将视频文件和音频信息混合交错地存储在同一文件中，不需要特殊的设备就可以将声音和影像同步播放。这种视频格式的优点是图像质量好，可以跨多个平台使用，还能调整分辨率；其缺点是体积过于庞大，而且压缩标准也在演进。随着新技术的发展，基于不同压缩标准的 AVI 格式如 nAVI 格式、DV-AVI 格式不断出现。如果用户在进行 AVI 格式的视频播放时遇到了不能播放、不能调节播放进度、播放时有声音没图像等问题，可以通过下载相应的解码器来解决。

（二）MPEG 格式

MPEG 即动态图像专家组（Moving Pictures Experts Group），该专家组建于 1988 年，专门负责为 CD 建立视频和音频标准。MPEG 文件的扩展名是".mpg"或".mpeg"。MPEG 标准已成为视频、音频、数据压缩的国际标准。MPEG 标准主要利用具有运动补偿的帧间压缩编码技术以减小时间冗余度，利用 DCT 技术以减小图像的空间冗余度，利用熵编码在信息表示方面减小统计冗余度。这几种技术的综合运用，大大增强了压缩性能。MPEG 格式文件的数据量比 AVI 格式小很多，有更高的影片质量。

MPEG 标准主要有五个：MPEG-1、MPEG-2、MPEG-4、MPEG-7 及 MPEG-21。MPEG-1 具有较低的数据传输速率（1.5Mb/s 以下）和中等分辨率（相当于家用录像机质量），被广泛用于 VCD 光盘和 MP3 中；MPEG-2 则具有相当于广播级较高分辨率的高质量图像，但同时需要有较大的数据传输速率（3～10Mbps），可以对高清晰度电视（HDTV）的信号进行压缩，数字机顶盒和 DVD 光盘均采用此标准；MPEG-4 从内容的交互性、灵活性和可扩展性方面突破，使建立个性化的视听系统成为可能；MPEG-7 并不是一种压缩编码方法，其正规的名字叫作"多媒体内容描述接口"，其目的是生成一种用来描述多媒体内容的标准；MPEG-21 的正式名称是"多媒体框架"或"数字视听框架"，它的目的是将不同标准集成起来为多媒体商务提供透明而有效的电子交易和使用环境。

（三）DAT 格式

DAT 是 Video CD（VCD）数据文件的扩展名，也是基于 MPEG 压缩方法的一种文件格式，是 VCD 光碟的视频文件，一般放在 MPEGAV 文件夹下。当计算机中安装了诸如"超级解霸""暴风影音"等 VCD 播放软件时，就可以播放这种格式的文件。

（四）ASF 格式

ASF 是高级流格式（Advanced Streaming Format），是微软公司 Windows Media 的核心，是一种包含音频、视频、图像以及控制命令脚本的数据格式，由于采用了 MPEG-4 压缩算法，具有较高的影片质量和压缩率，较适合在网络上进行连续视频影像的播放。ASF 文件的优点：具有本地或网络回放功能；具有可扩充的媒体类型；具有部件下载、可伸缩的媒体类型；具有流的优先级化；具有多语言支持、环境独立性；具有丰富的流间关系以及扩展性等。ASF 流文件的数据速率可以在 28.8kbps 到 3Mbps 之间变化，用户可以根据自己应用环境和网络条件选择一个合适的速率，实现视频点播和直播。

（五）WMV 格式

WMV 即 Windows Media Video，是微软公司推出的一种流媒体格式，它是在"同门"的 ASF 格式上升级延伸来的。在同等视频质量下，WMV 格式的体积非常小，因此 WMV 文件很适合在网上播放和传输。

（六）MOV 格式

MOV 即影片数字影像技术（Movie Digital Video Technology），是苹果公司开发的一种音频、视频文件格式，为其 QuickTime 视频处理软件默认的视频文件格式，具有跨平台、存储空间要求小等技术特点。它采用了有损压缩方式的 MOV 格式文件，画面效果较 AVI 格式要稍微好一些。MOV 文件格式支持25 位彩色，支持领先的集成压缩技术，提供 150 多种视频效果，并配有提供了200 多种 MIDI 兼容音响和设备的声音装置。它无论是在本地播放还是作为视频流格式在网上传播，都是一种优良的视频编码格式，被看作数字媒体领域事实上的工业标准。

（七）RM 格式

RM 即真实媒体（RealMedia），它的特点是文件小，但画质仍能保持相对良好，适合用于在线播放。用户可以使用 RealPlayer 对符合其技术规范的网络音频和视频资源进行实况转播，并且可以根据不同的网络传输速率制定出不同的压缩比率，从而实现在低速率的网络上进行影像数据实时传送和播放。RM格式的另一个特点是用户使用 RealPlayer 播放器可以在不下载音频或视频内容的条件下实现在线播放。另外，RM 作为目前主流网络视频格式，还可以通过其 RealServer 服务器将其他格式的视频转换成 RM 视频并由 RealServer 服务器负责对外发布和播放。

（八）RMVB 格式

RMVB 格式，是由 RM 格式升级延伸而来的。由于影片的静止画面和运动画面对压缩采样率的要求是不同的，如果始终保持固定的比特率，会对影片质量造成浪费。而 RMVB 则打破了原先 RM 格式那种平均压缩采样的方式，在保证平均压缩比的基础上，设定了一般为平均采样率两倍的最大采样率值。将较高的比特率用于复杂的动态画面，而在静态画面中则灵活地转为较低的采样率，合理地利用了带宽资源，使 RMVB 在牺牲少部分察觉不到的影片质量情况下最大限度地压缩了影片的大小。在保证影片整体视听效果的前提下，RMVB 的尺寸只有 300 ～ 450MB，而 DVD 却需要 700MB；而且 RMVB 的字幕为内嵌字幕，无须字幕外挂软件。要播放 RMVB 文件只需安装 RealPlayer 8.0 以上版本即可。

二、视频信息数字化和压缩

由于视频文件中包含了大量的图像信息和声音信息，导致存储量巨大。我们可以简单地对视频信息容量进行计算：如果用 24 位量化的 800×600 分辨率的图像按 25fps 播放，40 秒的文件容量将是 $24 \times 800 \times 600 \times 25 \times 40/8 = 1.44GB$，要播放一张 1 小时的电影碟片，则需要 129GB 的存储空间，因此在存储和使用视频信息时必须进行压缩。

（一）视频信息数字化

视频信息数字化是指在一段时间内以一定的速度对视频信号进行捕获并加以采样后形成数字化数据的处理过程。计算机中的视频信息来源于各种模拟的视频输出设备，如电视机、录像机和摄像机等。各种设备有不同的色彩空间表示方法。最常用的视频色彩空间主要有三类：RGB 三基色空间表示，是多媒体系统输出时必然采用的表示方法；YUV 色彩空间——亮度信号 Y，色差信号 U、V，用于逐行倒相正交平衡调幅（PAL）制式电视信号；YIQ 色彩空间——亮度信号 Y，色差信号 I、Q，用于正交平衡调幅（NTSC）制式电视信号。由于标准的 PAL 和 NTSC 制式视频信号都是模拟的，而计算机只能处理和显示数字信号，因此必须通过视频采集卡对模拟信号进行数字化处理，包括采样、量化、模数转换、色彩空间变换等过程。视频采集卡的工作方式可以是单帧采集或者连续采集。采样频率在 25 帧以上的，被认为是全动态的捕捉。

（二）视频信息压缩基本原理

对视频信息进行压缩实质就是对数据进行重新编码，大大减少文件的容量。视频压缩主要基于两方面的原理：一是识别并去除图像序列中的冗余信息（空间冗余和时间冗余），以减少存储和传输的数据量；二是根据人类视觉心理特性和图像传递的景物特征，有选择地删除某些信息（视觉冗余）。对三类冗余成分的压缩编码方法如下：

1. 空间冗余

编码一幅视频图像相邻各点的取值往往相近或相同，具有空间相关性，这就是空间冗余度。具体地说，规则物体和规则背景的表面物理特性具有相关性，如一块颜色均匀的块，区域所有点的光强和色彩以及饱和度相近，这些相关性的光成像结果在数字化图像中就表现为数据冗余。从频域的观点看，意味着图像信号的能量主要集中在低频附近，高频信号的能量随频率的增加而迅速衰减。

空间压缩原理就是利用这种图像中相邻像素或像素块的空间相关性进行压缩。因为压缩发生在同一帧内，只针对本帧内的数据而不涉及相邻帧，空间冗余编码也称为帧内压缩或空间压缩。帧内压缩的压缩比通常只有两三倍，但因为每帧独立压缩，不存在帧间关联，便于以帧为单位进行编辑利用。

2. 时间冗余

图像序列中的两幅相邻图像，后一幅图像与前一幅图像之间有较大的相关，而相应的语音数据也存在着类似的时间相关性，这就是时间冗余度。

时间冗余的压缩原理就是在知道了一个像素点的值后，利用此像素点的值及其与后一像素点的值的差值可求出后一像素点的值。因此，它不传送图像本身，而是传送图像的运动和变化部分。MPEG 动态图像压缩技术就是采用移动补偿算法去掉时间方向上的冗余信息。由于这种压缩是发生在相邻帧之间，因此也被称为帧间压缩。帧间压缩可以获得较高的压缩比，但用于压缩内容变化较快的视频时显得连续性不足。

3. 视觉冗余

视觉冗余度是相对于人眼的视觉特性而言的。人眼对于图像的视觉特性包括对亮度信号比对色度信号敏感，对低频信号比对高频信号敏感，对静止图像比对运动图像敏感，对图像水平线条和垂直线条比对斜线敏感，以及对灰度等级分辨能力有限，等等。因此，包含在色度信号、图像高频信号和运动图像中的一些数据并不能对增加图像相对于人眼的清晰度做出贡献，故被认为是多余的，这就是视觉冗余度。视觉冗余的压缩原理就是将人眼不敏感的图像信息去除。

三、视频处理——Windows Movie Maker 的使用

（一）视频信息处理方法

视频信息的处理方法分两类：线性编辑和非线性编辑。

1. 线性编辑

线性编辑是电视节目的传统编辑方式，由录像机通过机械运动使磁头将25 帧 / 秒的视频信号顺序记录在磁带上，在编辑时也必须顺序寻找所需要的原始视频画面。通常使用组合编辑将素材顺序编辑成新的连续画面，然后再以插入编辑的方式对某一段进行同样长度的替换。如果要插入与原画面时间不等的画面，即要删除、缩短、加长中间的某一段，只能将该段后面的片段抹去重录，而且每编一次，视频质量都要有所下降。

线性编辑的技术比较成熟、操作相对于非线性编辑来讲比较简单。但线性编辑系统的连线比较多、投资较高、故障率较高。线性编辑系统主要包括编辑录像机、编辑放像机、遥控器、字幕机、特技台、时基校正器等设备。这一系统的投资比同功能的非线性设备高，且连接用的导线如视频线、音频线、控制线等较多，比较容易出现故障，维修量较大。

2. 非线性编辑

非线性编辑借助计算机来进行数字化制作，不采用磁带而是用硬盘作为存储介质，记录数字化的视音频信号，以实现视音频编辑的非线性，即对素材的调用可瞬间实现，突破单一的时间顺序编辑限制，可以按各种顺序排列，具有快捷简便、随机的特性。非线性编辑只要上传一次素材就可以多次编辑，信号质量始终不会变低，所以节省了设备、人力，提高了效率。

非线性编辑的实现，要靠软件与硬件的支持，这就是非线性编辑系统。一个非线性编辑系统从硬件上看，可由计算机、视频卡或 IEEE 1394 卡、声卡、高速视频硬盘、专用板卡以及外围设备构成。为了直接处理高档数字录像机来的信号，有的非线性编辑系统还带有数字分量串行接口（SDI）标准的数字接口，以充分保证数字视频的输入、输出质量。其中视频卡用来采集和输出模拟视频，也就是承担 A/D 和 D/A 的实时转换。从软件上看，非线性编辑系统主要由非线性编辑软件（能够编辑数字视频数据的软件）以及二维动画软件、三维动画软件、图像处理软件和音频处理软件等外围软件构成。非线性编辑系统将传统的电视节目后期制作系统中的切换机、数字特技、录像机、录音机、编辑机、调音台、字幕机、图形创作系统等设备集成于一台计算机内，用计算机来处理、编辑图像和声音，再将编辑好的视音频信号输出，通过录像机录制在磁带上。现在绝大多数的电视电影制作机构都采用非线性编辑系统。

（二）视频信息处理技术

视频信息的处理内容有视频的剪辑、合成、叠加、配音、转换等。常用的视频处理软件有 Ulead Video Editor、Adobe Premiere、Quick Time 等。下面介绍一种视频编辑软件：Movie Maker。

1. Windows Movie Maker 的工作环境

Windows Movie Maker 的工作环境主要由菜单栏、工作栏、收藏区、监视器、素材区和操作区构成。其中，收藏区显示了已经导入的各主题素材，素材区将某一主题的素材罗列出来供选用，通过监视器可查看素材的内容，操作区通过两种方式——情节提要视图和时间线视图，来进行编辑工作。

2. 素材的导入

视频编辑首先要获取素材，素材包括视频、音频和图像等，只要是 Movie Maker 支持的文件类型，使用"文件"→"导入收藏"菜单命令，都可以直接导入收藏区。

可导入的视频文件类型：.asf、.avi、.m1v、.mp2、.mp2v、.mpe、.mpeg、.mpg、.mpv2、.wm 和 .wmv。

可导入的音频文件类型：.aif、.aifc、.aiff、.asf、.au、.mp2、.mp3、.mpa、.snd、.wav 和 .wma。

可导入的图像文件类型：.bmp、.dib、.emf、.gif、.jfif、.jpe、.jpeg、.jpg、.png、.tif、.tiff 和 .wmf。

3. 素材的直接制作

除导入已存在的素材外，Movie Maker 还可以直接通过"文件"→"捕获视频"命令获取视频，其前提是计算机已经安装了视频捕捉卡；Movie Maker 也提供直接录音的功能，其要求是音频设备（声卡、麦克风）与计算机正确连接。

4. 视频的编辑与合成

视频文件导入后，Movie Maker 会根据内容（主要是场景转换情况）自动地将其切分为多个视频剪辑，每个剪辑可以独立使用。如果对已有的视频剪辑仍需要裁减，可以将监视器上的播放头定在需要裁剪的位置，然后通过"拆分"按钮（或"剪辑"→"拆分"命令）来实现二次裁剪，拆分后的前段视频文件将保留原名，而后段剪辑将被自动命名为"原剪辑名（1）"。

要生成新的视频项目，只需将选定的视频剪辑拖拽到操作区的相应位置即可。如果要添加音频，操作区必须采用时间线视图方式。在时间线视图上，无论是视频剪辑还是音频剪辑，都可以通过拖动的方式改变其位置和播放时间。

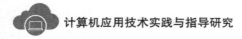
5.视频效果、视频过渡和片头片尾的添加

基本内容合成后，Movie Maker还可以为影片添加特殊的视频效果，为剪辑之间的拼接设置视频过渡及制作片头和片尾，使影片更完整也具有更好的表现力。

视频效果决定了视频剪辑、图片或片头在项目及最终电影中的显示方式。在收藏区选择"视频效果"或使用"工具"→"视频效果"命令，可以看到28种特殊效果，如"招贴画效果""灰度"等。应用效果后，剪辑缩略图左下角的星形标记会变蓝。

视频过渡控制电影如何从播放一段剪辑或一张图片过渡到播放下一段剪辑或下一张图片。过渡在一段剪辑刚结束而另一段剪辑开始播放时进行播放。在收藏区选择"视频过渡"或使用"工具"→"视频过渡"命令，可以看到60种特殊效果，如"锁眼形"等。应用过渡后，剪辑之间会显示过渡的形状。

片头和片尾可以是任意文本，但最好包括电影片名、制作者姓名、日期等信息。除了更改片头动画效果外，还可以更改片头或片尾的外观，以决定片头或片尾在电影中的显示方式。通过"工具"→"片头和片尾"命令，可以制作片头和片尾。

6.视频的保存

影片制作完成后，可以通过操作区的播放按钮或"播放"→"播放时间线"命令来查看效果。若以后仍要编辑，可使用"文件"→"保存项目"命令，将文件保存为默认的".mswmm"格式。如要保存为可直接播放的文件，则应使用"文件"→"保存电影文件"命令，在弹出的"保存电影向导"对话框中进行设置，最终得到".wmv"格式的视频文件。在视频文件生成过程中有可能不成功，有几种原因：电影文件超过FAT32的文件大小限制（4GB）；没有足够的可用磁盘空间；保存电影文件的目的地不存在；找不到电影的源文件。

第六节　成果展示

多媒体作品的创作不仅涉及美术、传播、教育、心理等多方面创作因素，而且需要进行精心的创意和精彩的组织，使之更加人性化和自然化。这种图、文、声、像并茂的特点，使得多媒体作品在现代生活中起着越来越重要的作用。

一、作品分析与脚本编写

在现代生活中多媒体作品层出不穷，这些作品的种类繁多，有网站类、动漫类、多媒体课件类、平面设计类等多个方向。而且各个方向都有其不同的特点，涉及不同的社会领域，具有不同的内容。

如何来创作多媒体作品，首先要对需要创作的内容进行作品分析，然后根据作品内容的需要，确定用哪些媒体来表现作品的主题。下面以一个实例进行说明。

多媒体综合应用实例的选题是"中国古代名著《红楼梦》的介绍"，希望通过该作品让用户加深对古代名著《红楼梦》的了解，同时注意到是普及型，不是红学研究，因此主要是满足广大普通读者的要求。

脚本设计是制作多媒体作品的重要环节。它需要根据具体条件对内容的选择、结构的布局、视听形象的表现、人机界面的形式、解说词的撰写、音响和配乐的手段等进行周密的考虑和细致的安排。它的作用相当于影视剧本。从多媒体作品的开发制作看，第一步是文字内容的构思，即定主题。对《红楼梦》作品主要以四条主脉络为基础来介绍。

（一）《红楼梦》的影响

《红楼梦》以其博大精深的内容和娴熟精湛的艺术表现，产生了巨大影响。因为曹雪芹原著只有 80 回流传于世，后人都希望能够弥补这个遗憾，因此大量《红楼梦》续书应运而生。从过去的戏曲、弹词到当代的电影、电视，诞生了一批以《红楼梦》为题材的文艺作品。当然，学术界也非常重视《红楼梦》这部传世巨著。《红楼梦》还被翻译成二十多种语言文字，在海外汉学界和海外广大读者中，享有崇高声誉。

（二）红楼人物素描

《红楼梦》的一大成功之处，就在于塑造了一批性格鲜明的人物形象，如黛玉的孤高、湘云的豪爽、袭人的温顺、凤姐的泼辣等，都给读者留下了深刻的印象。并且这些人物也没有失去复杂性，每个人都既有优点又有缺点，湘云虽然豪爽潇洒，但却有咬舌子的毛病；凤姐有贪婪狠辣玩弄权术的一面，也有诙谐幽默讨人喜欢之处。正是这种独特又丰富的人物形象散发出永恒的魅力，吸引了众多读者的目光。该书中的主要人物有：

宝玉，贾府的掌上明珠；黛玉，作者使这一个典型结晶了过去一切"春怨秋悲"闺阁女性之传统，然后又感染了以后一切"工愁善病"的闺阁女性之情操；薛宝钗，传统的贤淑妇；袭人，影子，温柔和顺，愿为侍妾；王熙凤，出身于贾家的世代姻亲——声势显赫的王家，到了贾府，她又成手执荣国府权柄的人，她泼辣洒脱、机智权变、心狠手辣，维持着贾府的运转。

（三）漫说红楼

《红楼梦》铺展开了一幅幅细腻逼真的生活画卷，读者徜徉其中往往有身临其境之感。在遵循生活轨迹、摹写生活琐事的同时，作者独具匠心地引入神话传说、真假梦幻，从而赋予了作品独特的美感，同时也加深了它的思想内涵。《红楼梦》由女娲补天的神话开篇，无才补天的石头遗落人间，开始了在红尘中的游历和磨炼。作者通过大荒的彼岸与大观的此岸之间的游走，表达自己对于现实的看法，灌注了关于真假、色空等复杂问题的人生体验。

（四）《红楼梦》概况

《红楼梦》又名《石头记》，是中国古典小说四大名著之一，代表了古典白话小说创作的最高水准。《红楼梦》成书于清乾隆年间，这个时代是封建社会最后的盛世，繁华的表象下孕育着末世哀音，《红楼梦》正是在此时应运而生的。自从《红楼梦》以抄本形式在社会上流传以来，受到人们的热烈欢迎，甚至有"开谈不说《红楼梦》，读尽诗书亦枉然"之说。时至今日，《红楼梦》依然散发着不朽的艺术魅力，为海内外广大读者所喜爱。

二、素材准备

多媒体素材的采集和制作是创作多媒体作品的基础，它将构成多媒体作品的基本元素，直接影响到作品的效果。素材的获取与设计的水准与作品创作者的文化素养、创意思维、各种软硬件的正确掌握及熟练使用技能紧密相连。因此，素材的收集和准备是制作多媒体作品的重要环节。

（一）文字素材

在各式各样的作品中，文字素材占有十分重要的地位，是应用最广泛的媒体之一，是学习者获取知识的重要来源。因此，在素材的准备中，文字的地位十分重要。多媒体文字素材常用两种形式：文本文字和图像文字。

①文本文字。目前常用 Word 作为字处理软件，通过录入、编辑、排版以后生成格式为 DOC 的文本文件，以文本文件形式存放。

②图像文字。网页、多媒体作品、广告等都离不开图像文字的创意与设计，这类文字可以用绘图软件设计、制作，如用 Photoshop 软件来制作。用 Photoshop 软件制作的文字素材属于位图图像，一般字体较大，字体的造型丰富多样，字数不多，感染力强。生成的文件格式为图像文件，如 BMP、JPG 等，所占有的字节数一般要比文本格式大。

　　一般设计者在作品中把标志性矢量文字转换成图像文字，这样在运行时不会因为没有安装相应的字库而出现乱码现象。在作品中常把图像文字以美术字等形式作为作品的一部分，并根据需要添加色彩与效果，以提高多媒体作品的感染力。

　　如何用 Photoshop 制作图像美术字体？举例如下：

　　①字体的输入与编辑。打开 Photoshop 软件新建一个图像文件（单位设为像素，宽度设为 800，高度设为 600，分辨率为 72，模式为 RGB 颜色）。

　　②输入文字。在工具栏上单击"文字"工具"T"，在图像窗口中单击欲插入文字的位置，出现文字输入光标。在选项栏中设置字体类型为华文行楷、大小为 250 以及文字的颜色，然后输入相应的文字"红楼梦"。

　　③编辑文字。再次在工具栏上单击"文字"工具"T"，同时选定已输入的文字，然后可以改变字体、字号、颜色等。因为此时是文字层，即字体是矢量字体。因此不论如何编辑，字体都不会发生变形。

　　④字体的形变。在工具栏上单击"文字"工具"T"，在选项栏中选择"改变文字方向"，接着单击"编辑"→"变换"→"斜切"，拖动边框达到字体形变效果。在 Photoshop "变形文字"窗口中，还有上弧、下弧、拱形等形变样式，同时在各个样式中能设置不同的参数，因此 Photoshop 中的形变样式能够满足一般字体形变需求。

　　⑤字体的渲染。在网页、广告推荐、多媒体软件中的字体仅有形变是不够的，还需要对字体进行渲染，以达到一定的美术字设计要求。例如，"红楼梦"字体的渲染操作如下：

　　首先，选择背景图像，可以根据自己的爱好、审美，来确定相应的背景图像。在本例中根据题材的需要，挑选"大观园"作为背景图像。

　　其次，把形变后的字体，复制到背景图像上。

　　再次，对字体进行渲染产生立体效果，单击"图层"→"图层样式"，弹出"图层样式"窗口，并设置相应的选项"投影""斜面和浮雕"等的参数。

　　最后，达到作品效果。

（二）图像素材

　　一般来说图像素材的处理是从整体到细节循序渐进的过程：首先对素材进行剪裁，然后将素材拼合，最后对图像进行细节方面的修饰。在本例中，人物图像的提取与合成方法如下：

　　①图像的选定，是指应用图像"选定工具"对需要的局部图像进行选定。

由于"魔棒工具"使用较为简单，因此常使用"魔棒工具"进行图像的区域选取。

使用"魔棒工具"可选择具有相似颜色的区域。在工具栏上单击"魔棒工具"，此时 Photoshop 窗口上第三行显示"魔棒工具"的属性工具栏。

在"魔棒工具"属性工具栏上，选区的选择方式有四种。这四种选择方式依次为：去掉旧的选择区域，选择新的区域；添加到选区，形成最终的选择区；在旧的选择区域中，减去新的选择区域与旧的选择区域相交的部分；新的选择区域与旧的选择区域相交的部分为最终的选择区域。

本例使用"魔棒"工具的步骤如下：

首先，选区的选择方式：添加到选区。

其次，容差参数设置：8（因为背景颜色与人物颜色的反差较小，所以容差参数值取 8）。

再次，将图像放大两倍，放大图像后容易选定细节。

最后，使用"魔棒工具"多次单击人物的背景，得到整个背景的选区，然后单击"选择"菜单项上的"反选"功能，得到人物的选区。

注意：此时选区的选择方式应始终在"添加到选区"上。

②通过单击"编辑"→"复制"菜单项，将人物从原始图中提取，并使用"橡皮擦工具"，画笔的大小设定为 8 ～ 10，在图像放大 2 倍的情况下，细心地擦去不需要的边缘，并以 PNG 图像文件格式保存。

③对人物的边缘进行"缩边"1 个像素，并除去 1 个像素的边缘，同时对 1 个像素的边缘进行"羽化"，模糊人物的边缘，有利于图像重组后，与重组的图像更好地结合。然后单击"编辑"→"复制"菜单项，将图像存入剪贴板。

④打开"红楼梦封面"图像，单击"编辑"→"粘贴"菜单项，将剪贴板中的人物图像，粘贴到"红楼梦封面"图像上，并移动到适当的位置。

三、作品制作平台选择

Adobe Flash CC 可以将文字、图形、图像、动画、声音、视频集成于一体，应用 Flash 技术可以设计出精彩有趣的多媒体作品，并具有良好的交互功能，因而被广泛应用在网上各种动感网页、LOGO、广告、MTV、游戏和高质量的课件中。由于在 Flash 中采用了矢量作图技术，各元素均为矢量，因此只用少量的数据就可以描述一个复杂的对象，从而大大减少动画文件的大小。而且矢量图像还有一个优点，就是可以真正做到无极放大和缩小，你可以将一幅矢量图像任意地缩放，而不会有任何失真。基于以上种种优点，选择 Adobe Flash CC 作为多媒体作品制作平台。

四、作品动态封面的制作

（一）作品背景的创建与标题美术文字的设计

①创建电影文件，设置窗口尺寸为 800×600 像素。单击"文件"→"新建"→"属性"→"属性窗口"菜单项，将文件的大小设置为 800×600 像素，同时将显示比例设定为 75%。

②把"红楼梦封面"图像作为背景图像，并导入"图层 1"（命名为"背景"）之中，并移动到窗口的右面适当位置处。

③创建"图层 2"，命名为"标题"，把"红楼梦"美术字体图像，导入"图层 2"之中。

（二）作品标题美术文字的动画设计

①在"标题"图层的第 50 帧处插入一个关键帧。把第 1 帧确定为当前帧，移动第 1 帧的"红楼梦"美术字体图像，到场景中"大观园"图像右侧。

②在"标题"图层中，创建从第 1 帧到第 50 帧的动作补间动画，并保存"红楼梦介绍 .fla"文件。

③把"标题"层的第 1 帧确定为当前帧，单击图层的"属性"按钮，打开"属性"窗口。选择颜色为"Alpha"，数值为 5%。

按"CTRL+Enter"组合键测试影片，运行已完成的作品，体会创作的快乐。

五、作品中声音的应用

在多媒体作品中，加入解说、背景音乐及一些音响效果等，可以起到渲染气氛、创设情景的特殊效果。在 Flash CC 中可以导入的声音文件有 WAV、MP3 等格式，基本方法如下。

①把选中的声音文件，导入"库"中。在 Flash CC 工作窗口，单击"文件"→"导入"→"导入到库"菜单项，打开"导入到库"菜单项，在相应的声音文件夹中，选中需要的声音文件，将它导入。

②在场景中设置当前层为"按钮"层，然后单击"插入图层"按钮，添加新图层，并把该层命名为"声音"层。在"库"中选中已导入的"红楼梦 - 葬花吟"元件，用鼠标按住拖动到场景中后放开，便把声音导入"声音"层之中。

按"CTRL+Enter"组合键测试影片，运行已完成的作品，比较一下有声音时的效果，体会创作的快乐。

第五章　信息检索技术应用

第一节　互联网信息检索

互联网上有非常庞大的免费信息，但是这些信息都是无序的，所以信息量越大，就越难被利用。要利用互联网上的公开和免费信息的最佳途径就是利用搜索引擎。现在互联网上大大小小的搜索引擎众多，各自使用的技术也不尽相同，每个搜索引擎对于同样的关键字，所给出的检索结果也各不相同。

一、百度搜索引擎

2000 年 1 月，百度公司创立于北京中关村，是目前全球最大的中文搜索引擎，是集新闻搜索、网页搜索、图片搜索、视频搜索、地图搜索、信息传递和交流为一身的综合搜索引擎，是中国互联网用户最常用的搜索引擎之一。

百度作为全球最优秀的中文信息检索与传递技术供应商，使用了高性能的"网络蜘蛛"程序自动地在互联网上搜索信息，可以在极短的时间内收集到大量的互联网信息。目前，中国所有提供搜索引擎的门户网站中，80% 以上都是由百度公司提供搜索引擎技术的，包括腾讯、广州视窗等。

（一）搜索有关网页

步骤 1　打开 IE 浏览器，在地址栏中输入网址：http：//www.baidu.com，打开百度主页。

步骤 2　在搜索框内输入需要查询的内容。

步骤 3　按 "Enter" 键或者单击搜索框右侧的 "百度一下" 按钮，就可以得到符合查询需求的网页内容。

①搜索结果标题。单击标题，可以直接打开该结果网页。

②搜索结果摘要。通过摘要，可以判断这个结果是否满足您的需要。

③百度快照。"快照" 是该网页在百度的备份，如果原网页打不开或者打开速度慢，可以查看快照浏览页面内容。

④相关搜索。"相关搜索"是其他有相似需求用户的搜索方式，按搜索热门度排序。如果搜索结果效果不佳，可以参考这些相关搜索。

步骤4　如果检索到的结果并不理想，可以采用多词检索的方法检索详细信息。输入多个词语搜索（不同字词之间用一个空格隔开），可以获得更精确的搜索结果。

步骤5　还可以应用一些检索语法进行高级检索，具体语法请参考"技巧与提示"。这里请大家利用高级检索语法，检索有关需要的网页，将有用的内容复制到另一文档中待用。

技巧与提示

①把搜索范围限定在网页标题中——intitle。搜索标题含有关键字的网页可以利用 intitle，如在搜索框中输入"intitle：电子商务技术"，这样就把标题含有"电子商务技术"的网页检索出来了。

②把搜索范围限定在特定站点中——site。如果知道某个站点中有自己需要找的东西，就可以把搜索范围限定在这个站点中，提高查询效率。具体操作方法是在查询内容的后面，加上"site：站点域名"，如在搜索框中输入"电子商务技术 site: www.sina.com"。注意，"site："直接跟站点域名，不要带"http: //"；另外，"site："和站点域名之间无空格。这样就可以检索到在指定站点内含有关键字的网页。

③精确匹配——双引号和书名号。如果输入的查询词很长，百度在经过分析后，给出的搜索结果中的查询词，可能是拆分的。如果您对这种情况不满意，可以尝试让百度不拆分查询词。给查询词加上双引号，就可以达到这种效果，如搜索电子商务技术的新发展，如果不加双引号，搜索结果可能被拆分，效果不是很好，但加上双引号后变成"电子商务技术的新发展"，获得的结果就完全是符合要求的了。

书名号是百度独有的一个特殊查询语法。在其他搜索引擎中，书名号会被忽略，而在百度，中文书名号是可被查询的。加上书名号的查询词，有两层特殊功能：一是书名号会出现在搜索结果中；二是被书名号扩起来的内容，不会被拆分。

书名号在某些情况下特别有效果。例如，查名字很通俗和常用的那些电影或者小说。比如，查电影"手机"，如果不加书名号，很多情况下出来的是通信工具——手机；而加上书名号后，结果就都是关于电影《手机》方面的了。

④要求搜索结果中不含特定查询词。如果发现搜索结果中，有某一类网页

是不希望见到的，而且，这些网页都包含特定的关键词，那么用减号语法，就可以去除所有含有特定关键词的网页。例如，希望是电子商务技术方面的内容，却发现有很多关于电子商务技术公司方面的网页，那么就可以在搜索框中输入"电子商务技术 –公司"。注意，前一个关键词和减号之间必须有空格，否则，减号会被当成连字符处理，而失去减号语法功能。减号和后一个关键词之间，有无空格均可。

⑤专业文档搜索——FileType。很多有价值的资料，在互联网上并非是普通的网页，而是以 Word、PowerPoint、PDF 等格式存在的。百度支持对 Office 文档（包括 Word、Excel、PowerPoint）、Adobe PDF 文档、RTF 文档进行全文搜索。要搜索这类文档，只需在普通的查询词后面，加上"FileType：文档类型"以限定。"FileType："后可以跟以下文件格式：DOC、XLS、PPT、PDF、RTF、ALL。其中，ALL 表示搜索所有文件类型。例如，查找电子商务技术研究方面的论文，输入"电子商务技术 FileType：DOC"。单击结果标题，直接下载该文档，也可以单击标题后的"HTML 版"快速查看该文档的网页格式内容。

（二）搜索有关新闻

在搜索框中输入"电子商务技术"后，单击搜索框上的"新闻"按钮可以检索到与之相关的新闻。新闻搜索有两种方式：一种是新闻全页，另一种是新闻标题。可以根据需要来选择，搜索结果可以按照时间排序，也可以按相关性排序。

（三）搜索其他内容

百度还提供了图片、视频的搜索，搜索方法和网页的搜索方法基本相同，这里就不再详述。此外百度还提供交流信息的平台——百度贴吧，百度贴吧提供了一个表达和交流思想的自由网络空间。在贴吧中，可以发表自己对"电子商务专业的认识"的帖子，可以和感兴趣的朋友进行交流，获得需要的信息。在百度贴吧，用户需要注册并登录，才能享受到完整服务进行各项操作，否则只有搜索和浏览的权限。在百度的"知道"里面可以提各种各样的问题，热心的朋友会来回答。注册成为"知道"的用户，是完全免费的，注册成功后可以直接登录。

二、常见的英文搜索引擎

因工作、学习需要，我们需要获得一些英文信息（如需要了解电子商务在国外的发展状况、发展前景等），这就需要到英文搜索引擎上检索，当然有些信息也可以在中文搜索引擎中检索得到，但是由于每个搜索引擎在技术上、原理上以及在内容更新和侧重方面的不同，在英文搜索引擎上检索英文信息，可以得到更好的检索结果。

常用的英文搜索引擎有 Bing（http：//www.bing.com）、Yahoo（http：//www.yahoo.com）等。其基本用法与之前介绍的中文搜索引擎基本相同，这里以 Bing 为例，搜索"E-Commerce"（电子商务）相关网页。

"必应"（Bing）搜索引擎拥有巨大的库存容量和极快的响应速度，为用户提供强有力的网络检索服务，提供全文检索功能，并有较细致的分类目录，其网页收录极其丰富，有中、英、日等多种文字的网页。

步骤1　打开 IE 浏览器，在地址栏中输入"http：//www.bing.com"，打开 Bing 搜索引擎主页。

步骤2　在其搜索框中输入"E-Commerce"（电子商务），单击搜索右侧的搜索符号可以得到检索到的结果。

步骤3　选择需要的内容，将其复制到 Word 等文档中待用。

步骤4　可以再选用其他英文搜索引擎检索相关内容待用。

第二节　常用数据库信息检索

一、维普中文期刊全文数据库

维普中文期刊全文数据库是重庆维普资讯有限公司于 1989 年创建的《中文科技期刊篇名数据库》，其全文和题录文摘版一一对应，经过 30 多年的推广使用和完善，全面解决了文摘版收录量巨大、索取原文烦琐的问题。

维普网目前提供的文献格式是 PDF 文件（电子发行文档的标准文件格式，也是互联网上应用最广泛的一种文件格式）。这种文档需要阅读文献的用户在本机上下载并安装其专用的福昕 PDF 文件阅读器（Foxit Reader）。

（一）使用前的准备

步骤1　打开 IE 浏览器，在 IE 地址栏中输入"http：//www.cqvip.com"，打开维普资讯网主页。

步骤2　单击"帮助"→"软件下载"，进入维普网下载中心页面。

步骤3　在该页面找到 Foxit Reader，单击"点击下载"，可将 Foxit Reader 阅读器下载到本机进行安装。

步骤4　安装 Foxit Reader 阅读工具程序，按照向导提示可轻松地运行软件。

（二）使用维普数据库

利用维普中文数据库查找我们需要的文章，可以了解与我们写的研究论文有关的整体研究情况，并能得到相关资料以做参考。

步骤1　在维普网首页中选择字段"文献搜索"，选择"标题/关键词"单选项，并输入关键字"电子商务技术"。

步骤2　输入完关键字后，单击"开始搜索"按钮，可以进行快速检索。

技巧与提示

可选择字段有"文献搜索""期刊搜索""学者搜索""机构搜索"。检索时可根据需要选择字段进行检索，以提高检索的准确性。

步骤3　单击检索结果中的"电子商务技术"可以显示该篇目的详细内容，包括标题、作者、刊名、年期、摘要、关键词、全文链接，以及相关文章等信息。单击作者名字，系统自动检索数据库中同一作者的所有相关文章；单击刊名，显示该期刊同一年期的篇名目录。将这篇文章下载待用。

步骤4　单击维普网首页中的"高级检索"链接，进入"高级检索"界面，在这里可以根据需要选择高级检索的条件。根据任务的实际需要，在"题名或关键词"搜索框中输入"电子商务"，在"文摘"搜索框中输入"技术"。

步骤5　单击"检索"按钮，弹出网页，找到需要的文章下载待用。

技巧与提示

快速检索的表达式输入类似于百度等搜索引擎，直接输入需要查找的主题词，单击"文献检索"按钮即实现检索。多个检索词之间用空格或者"＊"代表"与"，"+"代表"或"，"-"代表"非"。在检索过程中，如果检索词中带有括号或逻辑运算符＊、+、-、（）、《》等特殊字符，必须将该检索词用双引号括起来，以免与检索逻辑规则冲突。双引号外的＊、+、-，系统会将它们当成逻辑运算符（与、或、非）进行检索。

（三）使用 PDF 阅读器阅读文章

为了能够阅读 PDF 文件，我们需要使用 Foxit Reader 阅读器。

步骤 1 打开 Foxit Reader 阅读器。

步骤 2 选择菜单"文件"→"打开"命令，或单击工具栏中"打开"按钮。在"打开"对话框中选择一个或多个文件名。

技巧与提示

PDF 文档通常以 .pdf 为扩展名。

步骤 3 选择《电子商务门户的技术和发展现状》文件，单击"打开"按钮。用"选择工具"选取需要的内容，右击鼠标，从弹出的快捷菜单中选择"复制到剪贴板"命令。

步骤 4 打开 Word 等文字处理软件，在文档中粘贴后就可以编辑并保存。

二、EBSCO 外文期刊数据库

（一）认识 EBSCO 外文期刊数据库

EBSCO 数据库提供一站式文献服务，能为全球文献收藏者提供订购、使用和检索等一系列服务。EBSCO 数据库的检索功能众多，不仅提供基本检索、高级检索、主题检索，还有图像检索、参考文献检索，并设有职能连接功能，如参考文献连接功能等，此外，EBSCO 搜索结果的显示格式也多样化，有 XML、HTML、PDF 等格式，还可以直接打印、发电子邮件或者保存。

（二）检索外文期刊数据库

步骤 1 打开 IE 浏览器，在地址栏中输入"http：//search.ebscohost.com"，进入其登录界面。

步骤 2 输入用户名和密码，单击"Sign in"按钮，进入服务页面。

步骤 3 选择要查找内容所在的服务，这里选择第一个"EBSCOhost Web"，进入界面。

步骤 4 选择所需语言"简体中文"，进入简体中文界面。

步骤 5 单击"继续"按钮，进入检索界面。

步骤 6 在查找框中输入"E-Commerce"（电子商务），单击"检索"按钮，得到结果。

步骤 7 选择需要的内容，阅读全文，得到需要的内容待用。

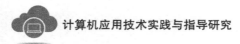

技巧与提示：

这里一般提供 PDF 或 HTML 方式阅读全文，其具体方法与前面介绍的大体相同，PDF 阅读需要用到 Adobe Reader 阅读器。

第三节 专利文献检索

一、中华人民共和国国家知识产权局网站

（一）认识国家知识产权局网站

目前，互联网上关于中国专利文献检索的网站有很多，但是并不是所有的数据库都能够免费获得专利全文。而国家知识产权局数据库能够免费提供中国专利全文，是目前较为常用的获取专利全文的数据库之一。

（二）检索国家知识产权局网站

步骤 1 打开 IE 浏览器，在地址栏中输入"http：//www.cnipa.gov.cn"，打开中华人民共和国国家知识产权局网站。

步骤 2 在"专利检索"栏目的关键字文本框中输入"电子商务"，单击"检索"按钮，打开检索结果页面，找到需要的内容保存待用。

步骤 3 单击"高级检索"按钮，打开页面，可以添加更加详细的检索条件。检索到需要的内容保存待用。

二、美国专利局网站

美国专利商标局网站可以免费检索 1976 年以来的全文专利文献以及 1790 年以来的授权专利的影像文件。美国专利有全文本 HTML 和图形版两种格式。

步骤 1 打开 IE 浏览器，在地址栏中输入"http：//www.uspto.gov"，打开美国专利局网站。

步骤 2 在检索框中输入"E-Commerce"（电子商务），单击"搜索"按钮，打开检索结果页面，可以得到相关专利信息，找到需要的内容保存待用。

步骤 3 单击搜索框右边的"Advanced Search"按钮，可以得到高级检索的界面，利用高级检索功能检索需要的内容保存待用。

第四节　组织检索信息成文并投稿

本章前三节介绍了如何查找所需要的资料，现在我们已经具有了详细的资料，接下来需要对这些资料进行整理加工，组织成论文并投稿。

一、撰写论文

1. 撰写论文的一般程序

步骤 1　明确论文选题，拟定撰写内容。要想写一篇较高水平的论文，论文的选题要新颖、有价值，确定选题后，要仔细拟定撰写的内容。

步骤 2　拟定大纲，构架论文层次。实际上是对全文进行构思和设计的过程，是对论文的目的和宗旨在全文中要如何贯穿和体现的有机安排。

步骤 3　检索文献信息，全面掌握情况。现代科学发展迅速，而任何研究都是建立在前人的工作基础上的，如果不能及时掌握最新的信息和足够的资料，就无法进行有效和高质的研究。

步骤 4　综合分析研究，对获得的资料进行整理。对检索到的文献信息进行综合分析、整理、去伪存真、去粗取精，筛选出值得利用的部分，进一步消化、吸收。

步骤 5　动笔成文，修改定稿。这里需注意我们虽然查找了大量的资料，但是不能大段地甚至整篇地引用原文，这涉及原作者的所有权问题。一般来说，引用原文应该控制在一定的范围内（最好不要超过 200 字），当然可以把查到的资料换一种表达方式来说，这是没有问题的。

2. 论文的编写格式

一篇完整规范的论文由以下几部分组成。

①标题。标题是文章的眼目，是全文的缩影。论文的标题要有个性，能准确反映文章的重要内容。

②作者署名和工作单位。作者应是直接参与研究工作并对文稿内容负责的人。作者署名顺序一般按照对论文的贡献大小排列。

③摘要。一般分为中文摘要和外文摘要，外文摘要与中文摘要相对应。摘要一般包含目的、方法、结果、结论等要素。

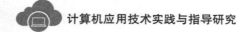

④关键词。关键词是反映文章最主要内容的术语，有外文摘要的要给出相应的外文关键词。

⑤论文主题部分。包括引言、正文和结论。

⑥致谢。

⑦参考文献。

二、论文的投稿

向期刊投稿时，要注意杂志社的办刊宗旨、来稿要求、稿件格式、投稿方式、投稿约定等事项。只有选择合适的刊物，按照刊物的要求及正确的稿件格式进行撰写和修改，并按照正确的方式投稿，稿件才有可能被录用。

我们可以在期刊网上找到合适投稿的期刊，然后找到相应期刊的网址，一般网站上都有投稿须知，然后按照须知要求进行投稿就可以了。

第五节　成果展示

随着计算机技术、通信技术和高密度存储技术的迅速发展，计算机网络已经逐渐成为信息资源的主要载体，各种各样的信息资源（如全文期刊库、书目数据库、学位论文库、会议记录库、专利发明数据库、特色数字资源数据库等专题数字资源）建设进行得如火如荼。信息管理与信息系统建设包括信息资源平台建设和信息检索平台建设，目前中文信息检索方面，仅限于字面、概念检索，距离自动检索还有较大差距，经过多年的理论研究和相关中文搜索引擎、检索平台的实践，笔者发现两者之间需要经历一个过渡阶段，即中文检索词频处理阶段。本节对信息检索平台结构、功能进行研究，提出中文检索词频处理、服务器（Server）-客户机（Client）处理模式（S-C 模式）等准智能检索平台方案，希望能提供一个新的思路和视角。

一、信息检索平台总体功能结构

信息检索平台共分为三层：检索界面、核心技术层和通信协议层。其中，检索界面是信息用户进行信息检索的第一门户，是科技、人文、艺术等的集中体现，要求友好、便捷、直观、简洁、易学、易用等。核心技术层作为信息检索平台的技术支持和数据保障，是用户进行信息检索的后台维护。通信协议层是联结、沟通信息检索界面和核心技术层的桥梁、纽带，是保证数据传输安全、快捷、保密的关键性网络环节，要求快捷、安全、可视、透明、兼容性强等。

（一）检索界面

检索界面一般分为三大功能区，即检索功能区、功能导航区和检索结果功能区。其作用是接受用户输入检索信息、制定检索策略、开展信息检索功能规划、实施信息检索导航、显示或查看所返回的检索结果等。

其中，检索功能区专门接受和处理用户检索需求、检索提问，包括目录检索、字段检索、专辑检索、学科检索、跨库检索、刊物检索、年度检索、检索策略和记录处理等，分别从不同角度和方向为用户提供所需要的检索途径。

功能导航区内置学科导航区、数据库列表区、网络导航区、检索功能区、用户资源区。其中，学科导航区为用户提供一站式、集成式的学科信息服务，它从学科角度，将离散知识进行梳理、分类，按学科整理成元知识或元数据，把用户引导在体系完备、学科齐全、链接有效的学科网络中开展深层次的信息挖掘。数据库列表区陈列各种已经开发或购买的常规、专题、特色数据库等，用户可以根据信息检索需要进行选择。网络导航区则为用户提供一个网络地图，用户可以根据自身信息检索需要，在不同搜索引擎、信息网络、资源平台、检索平台之间进行选择和利用。检索功能区和用户资源区是在功能导航区为用户提供自我信息跟踪、检索管理、个性化设置、个性化信息订制等服务。检索结果功能区包括目录列表、题录摘要、全文下载与显示、文档处理、结果打印、记录保存等功能。检索界面可以分为简单界面和复杂界面。简单界面面向一般（普通）用户，往往接受简单的信息检索输入和内容浏览，操作简单、便捷；复杂界面面向专业（高级）信息用户，提供目录、字段、专辑、刊物、年度、跨库等检索导航和学科导航区、数据库列表区、网络导航区、检索功能区等若干功能模块。

（二）核心技术层

核心技术层处于信息检索平台的最底层，是基础性的组成部分。核心技术层主要包括检索算法及技术、技术保障数据库的建设与维护、基本检索数据库的建设与更新、技术辅助库的支持与保障等。

信息检索算法与技术主要用于解决标引词和检索词之间的逻辑匹配、运算，借助大型数学矩阵对相关检索的权值进行运算，如内积公式等。核心技术层的检索算法与技术还运用于信息检索词倒排索引文档及其索引的建立、运算、优化等，因此，其稳定性和可靠性极受关注。

技术保障数据库的建设与维护主要进行客户端 IP 地址码解析、客户机 IP 地址码数据库的建立和维护、数据指针库和地址指针库的索引，以及客户检索词库等。部分功能的实现需要强大的硬件设备和应用数学作基础。

基本检索数据库是信息检索平台功能实现的基础。一方面，基于前台信息检索的需要，建立和维护基本数据库，作为信息检索平台的基本内容和数据基础；另一方面，基本数据库的运行效率、安全性、稳定性等直接关系到信息检索平台的效率和质量。基于 S-C 模式的信息检索平台的基本数据库除了中央数据库外，其他基本数据库实行分库管理，各数据库之间运用指针链接，实现信息检索。各基本数据库包括主题词、题名、关键词、摘要、作者、参考文献、全文、作者机构、年卷期、基金、中图分类号、ISSN、统一刊号等。

技术辅助库的建立和设置主要为了辅助信息检索及其他功能的实现，一般情况下，运用数据编码库对数据进行编码、收集、储存、链接、处理和优化等。核心技术层主要保障、支持、辅助信息用户根据检索条件迅速、准确地在指定数据库（群）中完成检索任务。

（三）通信协议层

通信协议层作为信息检索平台的通信信道，除了保障服务器与客户机之间的信息沟通、联络外，还要保证网络上各计算机之间沟通的协议处理、IP 解析、信息传输保密处理、通信协议等。在硬件方面，通信协议层还包括通信设备、通信线路、工作站等。

其中，从客户端发来的信息检索请求，通过计算机网络和数据传输通道，经过编码、保真、传输，达到服务器端后解码成机器可识别的语言。作为通信协议层的客户机，一方面向服务器发出检索请求，进行检索调用；另一方面，对客户端基本信息进行收集、存储和处理，建立检索词倒排文档、索引。同时，从服务器端提供的信息检索服务，通过编码、传输、保真、到达客户机端，然后解码，提交检索结果；处于通信协议层的服务器，除了本身满足用户信息检索需求外，还要对客户端基本信息进行收集、处理、暂时存储、加工，进行检索词倒排文档、索引的建立、维护等。另外，对通信网络全程监视、控制、协调等也是该服务器的重要功能。作为核心技术层与用户界面的数据传输通道，要求通信快捷、安全、可视，以及具有很强的兼容性。

二、信息检索技术实现及展望

从目前国内外、中英文搜索引擎的技术可以看出，现有的搜索引擎是基于纯粹字面检索技术的，尤其中文搜索引擎方面表现得更加明显。那么，如何实现理论意义上的逻辑组配及自动检索呢，除了理论探讨外，数据商、搜索引擎供应商等曾做了有益探索。结合理论与实践方面的成果，笔者提出以下思路：

①在加速资源平台建设的同时，建立基于 C 模式的信息检索平台，在服务器端建立后备数据库，完善检索词频倒排文档、索引。

②利用 S-C 模式，信息检索平台服务器实时调用客户机 IP 地址及机构性质、用户基本情况等与学科、检索词相关的信息，以及检索词、检索表达式等，除了在客户端进行存储外，服务器端也建立缓存、索引，最后链接到后备数据库，对原有倒排文档进行索引和进行重组，不断完善后备数据库。

③服务器根据客户端检索词调用的基本情况，对检索词进行加权处理，为数据标引、信息检索提供依据。

第六章　计算机防火墙技术应用

第一节　计算机防火墙技术概述

网络防火墙是一种用来加强网络之间访问控制，防止外部网络用户以非法手段通过外部网络进入内部网络资源，保护内部网络操作环境的特殊网络互联设备。它对两个或多个网络之间传输的数据包和链接方式按照一定的安全策略对其进行检查，来商定网络之间的通信是否被允许，并监视网络的运行状态。它实际上是一个独立的进程或一组紧密联系的进程，运行于路由、网关或服务器上，控制经过防火墙的网络应用服务的通信流量。其中被防火墙保护的网络称为内部网络（或私有网络），另一方则称为外部网络（或公用网络）。

防火墙现在已经成为各企业网络中实施安全保护的核心，目的是选择性地拒绝进出网络的数据流量。

一、防火墙的概念

"防火墙"这个术语来自建筑结构里的安全技术，是在楼宇里用来起分隔作用的墙，用来隔离不同的公司或房间，尽可能地起到防火作用。一旦某个单元起火，这种方法能够保护其他的居住者。然而，多数防火墙里都有重要的门，允许人们进入或离开大楼。因此，虽然防火墙保护了人们的安全，但这个门在增强安全性的同时，要允许必要的访问。

在网络中，所谓"防火墙"，是指一种将内部网和公众访问网分开的方法，它实际上是一种隔离技术。防火墙是在两个网络通信时执行的一种访问控制尺度，它能允许你"同意"的人和数据进入你的网络，同时将你"不同意"的人和数据拒之门外，最大限度地阻止网络中的黑客访问你的网络。换句话说，如果不通过防火墙，公司内部的人就无法访问互联网，互联网上的人也无法和公司内部的人进行通信。防火墙是位于被保护网络和外部网络之间执行访问控制策略的一个或一组系统，包括硬件和软件，构成一道屏障，以防止发生对被保护网络的不可预测的、潜在破坏性的侵扰。它对两个网络之间的通信进行控制，通过强制实施统一的安全策略，限制外界用户对内部网络的访问，管理内部用户访问外部网络，防止对重要信息资源的非法存取和访问，以达到保护内部网络系统安全的目的。

防火墙配置在不同网络或网络安全域之间，它遵循的是一种允许或阻止业务来往的网络通信安全机制，只允许授权的通信，尽可能地对外部屏蔽网络内部的信息、结构和运行状况，以此来实现内部网络的安全运行。

自从1986年美国数字设备公司在互联网上安装了全球第一个商用防火墙系统后，就提出了防火墙的概念。此后，防火墙技术得到了飞速的发展。目前有几十家能够设计和生产功能不同的防火墙系统产品。

第一代防火墙，又称包过滤防火墙，主要通过对数据包源地址、目的地址、端口号等参数的设定来决定是否允许该数据包通过和对其进行转发，但这种防火墙很难抵御IP地址欺骗等攻击，而且审计功能很差。

第二代防火墙，也称代理服务器。它用来提供网络服务级的控制，当外部网络向保护的内部网络申请服务时起到中间转接的作用，这种方法可以有效地防止对内部网络的直接攻击，安全性较高。

第三代防火墙有效地提高了防火墙的安全性，被称为状态监控功能防火墙，它可以对每一层的数据包进行检测和监控。

第四代防火墙是随着网络攻击手段和信息安全技术的发展问世的，这一代的功能更强大、安全性更强。这个阶段的防火墙已超出了原来传统意义上防火墙的范畴，已经演变成全方位的安全技术集成系统，它可以抵御目前常见的网络攻击手段，如IP地址欺骗、特洛伊木马攻击、互联网蠕虫、口令探寻攻击、邮件攻击等。

防火墙能够有效地控制内部网络与外部网络之间的访问及数据传送，从而达到保护内部网络的信息不受外部非授权用户访问，并过滤不良信息的目的。安全、管理、速度是防火墙的三大要素。

一个好的防火墙系统应具有以下三方面的条件：

①内部和外部之间的所有网络数据流必须经过防火墙，否则就失去了防火墙的主要意义。

②只有符合安全策略的数据流才能通过防火墙，这也是防火墙的主要功能——审计和过滤数据。

③防火墙自身应对渗透免疫，如果防火墙自身都不安全，就更不可能保护内部网络的安全了。

二、防火墙的作用

防火墙成为近年来新兴的保护计算机网络安全的技术性措施。它是一种隔离控制技术，在某个机构的网络和不安全的网络之间设置屏障，阻止对信息资源的非法访问，也可以使用防火墙阻止重要信息从企业的网络上被非法输出。作为互联网的安全性保护软件，防火墙已经得到广泛的应用。通常企业为了维护内部的信息系统安全，在企业网和互联网间设立防火墙软件。企业信息系统对于来自互联网的访问，采取有选择的接收方式。它可以允许或禁止一类具体的 IP 地址访问，也可以接收或拒绝传输控制协议 / 国际协议（TCP/IP）上的某一类具体的应用。如果在某一台 IP 主机上有需要禁止的信息或危险的用户，则可以通过设置使用防火墙过滤掉从该主机发出的包。如果一个企业只是使用互联网的电子邮件和 WWW 服务器向外部提供信息，那么就可以在防火墙上设置使只有这两类应用的数据包可以通过。这对于路由器来说，就要不仅分析 IP 层的信息，还要进一步了解 TCP 传输层甚至应用层的信息以进行取舍。防火墙一般安装在路由器上以保护一个子网，也可以安装在一台主机上，保护这台主机不受侵犯。

一般来说，防火墙有以下的作用：

（一）控制不安全的服务

防火墙可以提高网络安全性，并通过过滤不安全的服务来降低内网上主系统可能出现的风险。因此，内网网络环境可经受较少的风险，因为只有经过选择的网络服务才能通过防火墙。这样得到的好处是可防护这些服务不受外部攻击者的利用，同时允许在降低被外部攻击者利用的风险的情况下使用这些服务。防火墙还可以防护基于路由选择的攻击，如源路由选择和企图通过互联网控制报文协议（ICMP）改向把发送路径转向招致损害的网点。防火墙可以排斥所有源点发送的包和 ICMP 改向，然后把偶发事件通知给管理人员。

（二）网点访问控制

作为网络控制的"要塞点"，防火墙还可以控制对网点系统的访问。例如，某些主系统可以被外部网络访问，而其他主系统则能有效地封闭起来，防护有害的访问。除了邮件服务器或信息服务器等特殊情况外，网点可以防止外部对其主系统的访问。这就把防火墙执行的访问政策置于重要地位，不访问不需要访问的主系统或服务。

（三）集中安全保护

如果一个内部网络的所有或大部分需要改动的程序以及附加的安全程序都能集中放在防火墙系统中，而不是分散到每个主机中，这样防火墙的保护范围就会相对集中，这样安全成本也就相对便宜了。

（四）增强保密性，强化私有权

对于一些站点，私有性是很重要的。使用防火墙系统，网络节点可以防止Finger服务以及DNS（域名系统）服务。Finger会列出当前使用者名单，他们上次登录的时间以及是否读过邮件。但Finger同时会不经意地告诉攻击者该系统的使用频率，是否有用户正在使用，以及是否可能发动攻击而不被发现。

防火墙在网络周围创建了保护的边界，并且对公网隐藏了内部系统的一些信息，以增强保密性。当远程节点侦测网络时，他们仅仅能看到防火墙。远程设备就不会知道内部网络的布局以及都有些什么。防火墙通过提供认证功能和对网络加密来限制网络信息的暴露。通过对所能进来的流量实行检查，以限制从外部发动的攻击。

防火墙能封锁域名服务信息，从而使得外部网络主机无法获得站点名和IP地址这些有利于攻击的信息，并防止攻击者从中获得其他一些有用信息。

（五）审计和告警

作为内外网络间通信的唯一通道，防火墙可以有效地记录每次访问的情况，以及内部网络和外部网络之间发生的一切事件。这样可提供有关网络使用率的有价值的统计数字。如果防火墙能在可疑活动发生时发出音响警报，则还提供防火墙和网络是否受到试探或攻击的细节。采集网络使用率统计数字和试探的证据是很重要的，最为重要的是可以知道防火墙能否抵御试探和攻击，并确定防火墙上的控制措施是否得当。通过在防火墙上实现服务，安全管理员可以监视所有外部网或互联网的访问，对于管理员进行日志存档提供了更多的信息。

（六）安全策略执行

防火墙可提供实施和执行网络访问策略的工具。网络访问政策可以由防火墙执行，如果没有防火墙，这样一种政策完全取决于用户的协作，这在实际情况中是不可能做到的。

计算机网络随时受到各种非法手段的威胁。随着网络覆盖范围的扩大，安全成为任何一个计算机系统正常运行并发挥作用必须考虑和必然的选择。在当今网络互联的环境中，采用防火墙网络安全体系结构是一种简单有效的选择方案。

三、防火墙的缺陷

虽然防火墙可以提高内部网络的安全性，但是，防火墙不是万能的，也有一些缺陷和不足，而且有些缺陷是目前难以解决的。

（一）网络的安全性通常以牺牲网络服务的开放性和灵活性为代价

为了提高安全性，防火墙会限制或关闭一些有用但存在缺陷的网络服务，但这些服务也许正是用户所需要的，由于防火墙的隔离作用，在保护内部网络的同时使它与外部网络的信息交流受到阻碍，给用户造成了使用的不方便。

同时由于在防火墙上附加了各种信息服务的代理软件，对于用户又不完全透明，增大了网络管理的开销，可能带来传输延迟、瓶颈及单点失效等方面的问题。这是防火墙在提高安全性的同时所付出的代价。

（二）防火墙只是整个网络安全防护体系的一部分，而且防火墙并非万无一失

1. 不能防止自然或人为的故意破坏

防火墙可以禁止系统用户经过网络连接发送专有的信息，但是如果入侵者已经在防火墙内部，防火墙是无能为力的，如内部用户破坏硬件、软件等。对于来自知情者的威胁只能要求加强内部管理。

2. 不能解决来自内部网络的攻击和安全问题

内部网用户通过串行线路网际协议（SLIP）或点对点协议（PPP）绕过防火墙直接进入互联网，这些行为防火墙是无法抵御的。

3. 防火墙只能防范经过其本身的非法访问和攻击，对绕过防火墙的访问和攻击无能为力

如果站点允许对防火墙后面的内部系统进行拨号访问，那么防火墙是没有办法阻止入侵者进行拨号入侵的。

4. 防火墙不能有效地防范数据驱动式攻击

防火墙不可能对所有主机上运行的文件进行监控，无法预计文件执行后所带来的结果。

5. 防火墙不能防范病毒

由于网络上病毒的种类繁多，如果要防火墙完成对所有病毒代码的检查，防火墙的效率就会降到不能忍受的程度，所以防火墙是不能完全防止受病毒感染的文件或软件进行传输的。

6. 防火墙不能防止策略配置不当或错误配置引起的安全威胁

防火墙是用来防备已知的威胁的，作为一种被动的防护手段，防火墙不能防范互联网上不断出现的新的威胁和攻击。

四、防火墙术语

（一）网关

网关是在两个设备之间提供转发服务的系统。这个术语是常见的，而且通常用于防火墙组件里。

（二）电路级网关

电路级网关用来监控受信任的客户或服务器与不受信任的主机间的 TCP 握手信息，以便确定该会话是否合法。电路级网关是工作在 OSI 模型中的会话层上来过滤数据包的，这样比包过滤防火墙要高两层。另外，电路级网关还提供重要的安全功能：网络地址转换（NAT），将公司内部的 IP 地址映射到"安全"的 IP 地址，这个地址是由防火墙使用的。有两种方法来实现这种类型的网关：一种是由一台主机充当筛选路由器而另一台充当应用级防火墙；另一种是在第一个和第二个防火墙主机之间建立安全的连接，这种结构的好处是当一次攻击发生时能提供容错功能。

（三）应用级网关

应用级网关可以工作在 OSI 七层模型的任一层上，能够检查进出的数据包，通过网关复制传递数据，防止受信任服务器和客户机与不受信任的主机直接建立联系。应用级网关能够理解应用层上的协议，能够做复杂一些的访问控制，并做精细的注册。它通常是在特殊的服务器上安装软件来实现的。

（四）包过滤

包过滤是处理网络上基于报文到报文交换（Packet By Packet）流量的设备。包过滤设备允许或阻止包，典型的实施方法是通过标准的路由器。

（五）代理服务器

代理服务器代表内部客户端与外部的服务器通信。虽然电路级网关也可作为代理服务器的一种，但这个术语通常是指应用级的网关。

（六）网络地址转换（NAT）

网络地址转换（又叫网络地址解释或网络地址翻译）的功能是对互联网隐藏内部地址，防止内部地址公开。这一功能可以克服 IP 寻址的诸多限制，完善内部寻址模式。把未注册的 IP 地址映射成合法地址，就可以对互联网进行访问了。NAT 的另一个名字是 IP 地址隐藏。私有网地址分配概述了地址的划分，而互联网编号管理局（IANA）建议使用内部地址机制，以下地址作为私有网络的保留地址使用。

① 10.0.0.0 ～ 10.255.255.255。

② 172.16.0.0 ～ 172.31.255.255。

③ 192.168.0.0 ～ 192.168.255.255。

如果选择上述的网络地址，不需要向任何互联网授权机构注册即可使用。使用这些网络地址的好处就是在互联网上永远不会被路由。互联网上所有的路由器发现数据包中的源或目标地址含有这些私有网络 IP 时，都会自动地将该数据包丢弃。

（七）堡垒主机

堡垒主机是一种被强化的可以防御进攻的计算机，一般直接暴露于互联网上，作为进入内部网络的检查点，以达到把整个网络的安全问题集中在某个主机上解决，从而省时省力，不用考虑其他主机的安全的目的。从堡垒主机的定义可以看出，堡垒主机是网络中最容易受到侵害的主机，所以堡垒主机必须是自身保护最完善的主机。多数情况下，堡垒主机使用两块网卡，每个网卡连接不同的网络。一块网卡连接公司内部网络，用来管理、控制和保护；而另一块连接另一个网络，通常是公网，也就是互联网。堡垒主机经常配置网关服务。网关服务是一个进程，用来提供从公网到私有网络的特殊协议路由，反之亦然。在应用级的网关里，想使用的每个应用层协议都需要一个进程。

（八）强化操作系统

防火墙要求配置尽可能少的服务。为了加强操作系统的稳定性，防火墙安装程序要禁止或删除所有不需要的服务。多数的防火墙产品都可以在目前流行的操作系统上运行。理论上来讲，让操作系统提供最基本的功能，可以使利用系统 BUG 来攻击的方法变得非常困难。当加强系统时，要考虑到除了 TCP/IP 协议外不要把任何协议绑定到外部网卡上。

（九）非军事化区域

非军事化区域（DMZ）是一个小型网络，一般存在于公司的内部网络和外部网络之间。这个网络由筛选路由器（有时是阻塞路由器）建立。DMZ 用来作为额外的缓冲区以进一步隔离公网和内部私有网络。DMZ 另一个名字叫作网络服务（Service Network），因为它非常方便。这种设施的缺点是放在 DMZ 区域的任何服务器都不会得到防火墙的完全保护。

（十）筛选路由器

筛选路由器也叫包过滤路由器，其作用是对进出内部网络的所有信息进行分析，并按照一定的安全策略和信息过滤规则，对进出内部网络的信息进行限制，允许授权信息通过，拒绝非授权信息通过。信息过滤规则是以其所收到的数据包头信息为基础的。采用这种技术的防火墙优点在于速度快、实现方便，但安全性能差，且由于不同操作系统环境下 TCP 和用户数据报协议（UDP）端口号所代表的应用服务协议类型有所不同，故兼容性差。

（十一）阻塞路由器

阻塞路由器（也叫路由器）的作用是保护内部网络使之免受互联网和周边网的入侵。内部路由器为用户的防火墙执行大部分的数据包过滤工作。它允许从内部网络到互联网的有选择的出站服务。内部路由器在堡垒主机和用户的内部网之间所允许的服务，可以不同于在互联网和用户的内部网之间所允许的服务。限制堡垒主机和内部网之间服务的理由是减少由此而导致的来自堡垒主机侵袭的机器的数量。

五、防火墙的分类

（一）按实现技术分类

防火墙按照实现的技术分为以下几种：

1. 包过滤防火墙

包过滤防火墙一般是基于源地址和目的地址、应用、协议以及每个 IP 包的端口来作出通过与否的判断的。一个路由器便是一个"传统"的网络级防火墙，大多数的路由器都能通过检查这些信息来决定是否将所收到的包转发，但它不能判断出一个 IP 包来自何方，去向何处。防火墙检查每一条规则直至发现包中的信息与某规则相符。如果没有一条规则符合，防火墙就会使用默认规则。一般情况下，默认规则就是要求防火墙丢弃该包。通过定义基于 TCP 或 UDP 数据包的端口号，防火墙能够判断是否允许建立特定的连接，如 Telnet、FTP 连接。

2. 代理防火墙

用来监控受信任的客户或服务器与不受信任的主机间的 TCP 握手信息，这样来决定该会话（Session）是否合法。它还提供一个重要的安全功能：代理服务器（Proxy Server）。代理服务器是设置在互联网防火墙网关的专用应用级代码。这种代理服务准许网管员允许或拒绝特定的应用程序或一个应用的特定功能。包过滤技术和应用网关是通过特定的逻辑判断来决定是否允许特定的数据包通过，一旦判断条件满足，防火墙内部网络的结构和运行状态便"暴露"在外来用户面前，这就引入了代理服务的概念，即防火墙内外计算机系统应用层的"链接"由两个终止于代理服务的"链接"来实现，这就成功地实现了防火墙内外计算机系统的隔离。同时，代理服务器还可用于实施较强的数据流监控、过滤、记录和报告等功能。代理服务技术主要通过专用计算机硬件（如工作站）来承担。

代理的作用是企图在应用层实现防火墙的功能。代理能提供部分与传输有关的状态，能完全提供与应用相关的状态和部分传输方面的信息，代理也能处理和管理信息。

3. 状态检测防火墙

状态监测防火墙能够检查进出的数据包，通过网关复制传递数据，防止在受信任服务器和客户机与不受信任的主机间直接建立联系。应用级网关能够理解应用层上的协议，能够做复杂一些的访问控制，并做精细的注册和稽核。它针对特别的网络应用服务协议即数据过滤协议，能够对数据包分析并形成相关的报告。应用网关对某些易于登录和控制所有输入输出的通信的环境给予严格的控制，以防有价值的程序和数据被窃取。在实际工作中，应用网关一般由专用工作站系统来完成。但每一种协议都需要相应的代理软件，使用时工作量大，效率不如网络级防火墙。应用级网关有较好的访问控制，是目前最安全的防火墙技术，但实现困难，而且有的应用级网关缺乏"透明度"。在实际使用中，用户在受信任的网络上通过防火墙访问互联网时，经常会发现存在延迟并且必须进行多次登录（Login）才能访问互联网或内部网。

状态检查技术能获得所有层次和与应用有关的信息，防火墙必须能够访问、分析和利用通信信息、通信状态、来自应用的状态，对信息进行处理。

4. 混合型防火墙

混合型防火墙，即采用各种技术来保证安全，取长补短，结合了以上三种防火墙的特点的防火墙。它同包过滤防火墙一样，能够在 OSI 网络层上通过 IP 地址和端口号，过滤进出的数据包。它也像代理防火墙一样，能够检查 SYN 和 ACK 标记和序列数字是否逻辑有序。当然它也像状态检测防火墙一样，可以在 OSI 应用层上检查数据包的内容，查看这些内容是否能符合企业网络的安全规则。混合型防火墙虽然集成前三者的特点，但不同的是，它并不打破客户机 / 服务器模式来分析应用层的数据，它允许受信任的客户机和不受信任的主机建立直接连接。混合型防火墙不依靠与应用层有关的代理，而是依靠某种算法来识别进出的应用层数据，这些算法通过已知合法数据包的模式来比较进出数据包，这样从理论上就能比代理防火墙在过滤数据包上更有效。

（二）按形式分类

防火墙按软硬件形式可以分为以下几种：

1. 个人防火墙

个人防火墙是在操作系统上运行的软件，它可以为个人计算机提供简单的防火墙功能。大家常用的个人防火墙有：诺顿个人防火墙、天网个人防火墙、瑞星个人防火墙等。个人防火墙是安装在个人电脑上的，而不是放置在网络边界，因此，个人防火墙关心的不是一个网络到另外一个网络的安全，而是单个主机和与之相连接的主机或网络之间的安全。

2. 软件防火墙

软件防火墙具有比个人防火墙更强的控制能力和更高的性能，它不仅支持 Windows 操作系统，而且大多支持 Unix 或 Linux 系统。

3. 一般硬件防火墙

一般硬件防火墙和纯软件防火墙有很大的差异，它是由小型的防火墙厂商开发的，或者是大型厂商开发的中低端产品，应用于中小型企业，功能比较全，但是性能一般。其操作系统一般都采用经过精简和修改过内核的 Linux 或 UNIX，安全性比使用通用操作系统的纯软件防火墙要好很多，并且不会在上面运行不必要的服务，这样的操作系统内核一般是固定的，是不可以升级的，因此新发现的漏洞对防火墙来说是致命的。

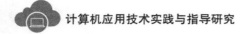
现在国内自主开发的防火墙大部分是这种类型的。

4. 纯硬件防火墙

这种防火墙是采用专用芯片（非 X86 芯片）来处理防火墙核心策略的一种硬件防火墙，也称为芯片级防火墙。纯硬件防火墙最大的亮点是高性能，以及非常高的并发连接数和吞吐量。

5. 分布式防火墙

前面提到的几种防火墙都属于边界防火墙（Perimeter Firewall），它们无法对内部网络实现有效的保护。随着人们对网络安全防护要求的提高，产生了一种新型的防火墙体系结构——分布式防火墙。近年来，分布式防火墙技术得到了长足发展，由于其优越的安全防护体系，符合未来的发展趋势，得到了许多用户的认可和接受。

第二节 计算机防火墙的主要模式

在防火墙和网络的配置上，有以下四种典型结构：双宿 / 多宿主机模式、屏蔽主机模式、屏蔽子网模式和混合模式。其中，堡垒主机是个很重要的概念。堡垒主机是指在极其关键的位置上用于安全防御的某个系统。对于此系统的安全要给予额外关注，还要进行理性的审计和安全检查。如果攻击者要攻击网络，那么他们只能攻击到这台主机。堡垒主机扮演了一个"牺牲主机"的角色。它不是绝对安全的，它的功能是保护内部网络。从网络安全上来看，堡垒主机是防火墙管理员认为的最强壮的系统。通常情况下，堡垒主机可作为代理服务器的平台。

一、双宿 / 多宿主机模式

双宿 / 多宿主机防火墙又称为双宿 / 多宿网关防火墙，它是一种拥有两个或多个连接到不同网络上的网络接口的防火墙，通常用一台装有两块或多块网卡的堡垒主机做防火墙，现金结算块或多块网卡各自与受保护网和外部网相连。这种防火墙的特点是主机的路由功能是被禁止的，两个网络之间的通信通过应用层代理服务来完成。一旦黑客侵入堡垒主机并使其具有路由功能，那么防火墙将失去作用。

二、屏蔽主机模式

屏蔽主机防火墙强迫所有的外部主机与堡垒主机相连接，而不让它们直接与内部主机相连接。在这种体系结构中，屏蔽路由器介于互联和内部网之间，是防火墙的第一道防线。这个防火墙系统提供的安全等级比包过滤防火墙系统高，因为它实现了网络层安全（包过滤）和应用层安全（代理服务）。在这一模式下，过滤路由器配置是否正确是这种防火墙安全与否的关键，如果路由表遭到破坏，堡垒主机就可能被越过，使内部网络完全暴露。

屏蔽主机防火墙的典型构成是包过滤路由器加堡垒主机。包过滤路由器配置在内部网和外部网之间，保证外部系统对内部网络的操作只能经过堡垒主机，是保护内部网的第一道防线。堡垒主机配置在内部网络上，是外部网络主机连接到内部网络主机的桥梁，它拥有高等级的安全性能。

三、屏蔽子网模式

屏蔽子网体系结构在本质上与屏蔽主机体系结构一样，但添加了额外的一层保护体系——周边网络。堡垒主机位于周边网络上，周边网络和内部网络被内部路由器分开。增加一个周边网络的原因在于：堡垒主机是用户网络上最容易受侵袭的机器。通过在周边网络上隔离堡垒主机，能减少堡垒主机被侵入的影响。并且万一堡垒主机被入侵者控制，入侵者仍不能直接侵袭内部网络，内部网络仍受到屏蔽路由器的保护。

屏蔽子网型结构的主要构成包括：

（一）周边网络

周边网络是一个防护层，在其上可放置一些信息服务器，它们是牺牲主机，可能会受到攻击，因此又称为非军事区（DMZ）。周边网络的作用：即使堡垒主机被入侵者控制，它仍可消除对内部网的攻击。它支持网络层和应用层安全功能。网络管理员将堡垒主机、信息服务器、调制解调器组以及其他公用服务器放在周边网络内。作为"牺牲主机"，它可能会受到攻击，但内部网络是安全的。

（二）堡垒主机

堡垒主机放置在周边网络上，是整个防御体系的核心。堡垒主机上可以放置各种各样的代理服务器。堡垒主机应该尽可能简单，并随时做好堡垒主机受

损、修复的准备。堡垒主机可被认为是应用层网关，可以运行各种代理服务程序。对于出站服务不一定要求所有的服务经过堡垒主机代理，但对于入站服务应要求所有服务都通过堡垒主机。

（三）内部路由器

内部路由器位于内部网络与周边网络之间，保护内部网络不受外部网络和周边网络的侵害，它执行大部分过滤工作。即使堡垒主机被攻占，它也可以保护内部网络。

（四）外部路由器

外部路由器保护周边网络和内部网络不受外部网络的侵犯。它把入站的数据包路由放到堡垒主机，以防止部分 IP 欺骗。它可分辨出数据包是否真正来自周边网络，而内部路由器则做不到。

四、混合模式

混合模式是一些模式结构的混合使用，主要有以下两种。

（一）一个堡垒主机和一个非军事区

此种结构由堡垒主机加过滤路由器组成。堡垒主机的一个网络接口接到非军事区（DMZ），另一个网络接口接到内部网上。过滤路由器一端接到互联网，一端接到 DMZ；过滤路由器把规则允许的网络流量转发给堡垒主机；非军事区只设置服务器，并有两个网络接口，一个连接外部路由，一个连接堡垒主机；堡垒主机使用了双重宿主主机，提高了系统的安全性。

（二）两个堡垒主机和两个非军事区

此种结构使用了两台双重宿主堡垒主机，有两个非军事区，并在网络中分成了四个部分：内部网络、外部网络、内部军事区和外部非军事区。内部非军事区受到过滤路由器和外部堡垒主机的保护，具有一定的安全性，可以把一些相对不是很机密的服务放在这个网络上，并把敏感的主机隐藏在内部网络中。

第三节　计算机防火墙的主要产品

一、国内的防火墙

（一）天融信防火墙

天融信网络卫士防火墙解决方案是天融信科技股份有限公司（TOPSEC）安全体系的核心，是 TOPSEC 端－端整体解决方案的组成部分，是业界最优秀的防火墙解决方案之一。它为用户提供的不仅仅是安全设备，更重要的是能为用户提供一个安全的、可扩展的安全体系平台，方便用户扩展虚拟专用网络（VPN）、入侵监测系统（IDS）等安全应用，从而构建完整的安全防范体系。

（二）东软网眼防火墙

东软网眼（NetEye）防火墙拥有创新的高性能核心保护能力，即基于状态包过滤的流过滤结构。流过滤结构综合了状态包过滤和应用代理技术各自的技术优点，因而非常容易部署。流过滤技术提供了更好的针对应用层协议的保护，而且在性能、扩展性和透明部署等方面具有诸多优势。其集成的 VPN 功能，简单、人性化的虚拟通道设置，有效提高了 VPN 的部署灵活性、可扩展性，大大降低了部署、维护的成本，完善的 VPN 产品线，适合大规模的网络部署。

（三）方正防火墙

方正防火墙是北京方正信息安全技术有限公司（简称"方正公司"）开发的防火墙，其产品有 FG 系列防火墙和 FS 系列防火墙。

FG 系列防火墙采用新一代数据流检测技术，具有智能 IP 识别 2～7 层的安全防护。当今的网络边界安全设备，已经从初期的三层协议安全网关向 2～7 层全面的安全网关方向发展，并且要有强大的性能作为支撑。为了支持这样新的发展趋势，方正公司采用先进的内核调度算法、零拷贝流分析算法和快速搜索算法实现高效的数据应用分类和规则快速定位；再通过将其与状态检测技术相结合，对会话进行访问控制，做到了针对多元化应用进行有效的访问控制的同时，保持了高速的网络数据检测效率，为 2～7 层网络协议和应用提供了强有力的支撑。

FS 系列防火墙是一种基于硬件的专业安全系统。它不仅可以保护物理设备和内部信息安全，而且还提供了虚拟专用网络（VPN）。它尽可能地减少由于添加了安全设备而给网络速度造成的影响。

方正防火墙产品能为各种规模的客户提供全面、实时的安全防御，支持限速网络流量，满足从远程用户、小型办公室到企业分支机构、电子商务站点、大型企业总部、电信级网络服务运营商、数据中心网络环境的安全需求。

二、国外的防火墙

（一）Check Point FireWall

捷邦（Check Point）公司是一家软件公司，成立于 1993 年，总部位于以色列特拉维夫，是全球首屈一指的互联网安全解决方案供应商，其防火墙产品 Check Point Firewall 在行业内很受欢迎。

（二）Cisco PIX

思科 PIX（Cisco PIX）系列防火墙应用极为广泛，可以通过一个可靠、强大的安全设备为远程办公室和分支机构提供企业级的安全性。Cisco PIX 防火墙可以通过一个经济有效的、高性能的解决方案提供丰富的安全功能和强大的远程管理功能。

一般说来，一个防火墙系统就是在两个网络之间实施的若干存取控制方法的集合。通常有两种类型的防火墙，基于网络层的包过滤防火墙和基于应用层的隔离网络的代理服务器。前一种主要是在网络层根据 IP 包的源和目的地址及源和目的端口来决定是转发还是丢弃包，后一种是在应用层为每一种服务提供一个代理。鉴于这两种技术都有各自的特点和弊端，因此建设一个具有良好性能的防火墙，应基于拓扑结构的合理选用和防火墙技术的合理配置。

Cisco PIX 系列防火墙是将以上两种技术结合的防火墙。它应用安全算法，将内部主机的地址映射为外部地址，拒绝未经允许的包入境，实现了动态、静态地址映射，从而有效地屏蔽了内部网络拓扑结构。它通过管道技术、出境访问列表，有效地控制内、外部各种资源的访问。

三、防火墙的选购

防火墙通常是运行在一台单独计算机之上的一个特别的服务软件，用来保护由许多台计算机组成的内部网络。它使企业的网络规划清晰明了，可以识别并屏蔽非法请求，有效防止跨越权限的数据访问。防火墙既可以是非常简单的过滤器，也可能是精心配置的网关，但它们的原理是一样的：都是监测并过滤所有内部网和外部网之间的信息交换。

在市场上，防火墙的售价差别极为悬殊，单价从几万元到数十万元，甚至到百万元都有。因为各企业用户使用的网络安全程度不尽相同，因此厂商所推出的产品也有所区分，甚至有些公司还推出类似模块化的功能产品，以符合各种不同企业的安全要求。

当一个企业或组织决定采用防火墙来实施保卫自己内部网络的安全策略之后，下一步要做的事情就是选择一个安全、实惠、合适的防火墙。那么面对种类繁多的防火墙产品，需要考虑的因素有哪些？应该如何进行取舍呢？

（一）防火墙基本功能考虑

防火墙系统可以说是网络的第一道防线，因此一个企业在决定使用防火墙保护内部网络安全时，它首先需要了解一个防火墙系统应具备的基本功能，这是用户选择防火墙产品的依据和前提。一个成功的防火墙产品应该具有下述基本功能：防火墙的设计策略应遵循安全防范的基本原则——除非明确允许，否则就禁止；防火墙本身支持安全策略，而不是添加上去的；如果组织机构的安全策略发生改变，可以加入新的服务；有先进的认证手段或有挂钩程序，可以安装先进的认证方法，如果需要，可以运用过滤技术允许和禁止服务；可以使用 FTP 和 Telnet 等服务代理，以便先进的认证手段可以被安装和运行在防火墙上，拥有界面友好、易于编程的 IP 过滤语言，并可以根据数据包的性质进行包过滤，数据包的性质有目标和源 IP 地址、协议类型、源和目的 TCP/IP 端口、TCP 包的 ACK 位、出站和入站网络接口等。

如果用户需要网络消息传输协议（NTP）、X Window、HTTP 和 GOPHER等服务，防火墙应该包含相应的代理服务程序。防火墙也应具有集中邮件的功能，以减少简单邮件传输协议（SMTP）服务器和外界服务器的直接连接，并可以集中处理整个站点的电子邮件。防火墙应允许公众对站点的访问，应把信息服务器和其他内部服务器分开。

防火墙应该能够集中和过滤拨入访问，并可以记录网络流量和可疑的活动。此外，为了使日志具有可读性，防火墙应具有精简日志的能力。虽然没有必要让防火墙的操作系统和公司内部使用的操作系统一样，但在防火墙上运行一个管理员熟悉的操作系统会使管理变得简单。防火墙的强度和正确性应该可被验证，设计应尽量简单，以便管理员理解和维护。防火墙和相应的操作系统应该

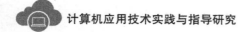

用补丁程序进行升级且升级必须定期进行。

互联网每时每刻都在发生着变化，新的易攻击点随时都可能产生。当新的危险出现时，新的服务和升级工作可能会对防火墙的安装产生潜在的阻力，因此防火墙的可适应性是很重要的。

（二）企业的特殊要求

企业安全政策中往往有些特殊需求，不是每一个防火墙都会提供的，这方面常会成为选择防火墙的考虑因素之一。常见的需求如下：

1. 网络地址转换功能

进行网络地址转换有两个好处：一是隐藏内部网络真正的 IP，从而使黑客无法直接攻击内部网络，这也是笔者之所以要强调防火墙自身安全性问题的主要原因；二是可以让内部使用保留的 IP，这对许多 IP 不足的企业是有益的。

2. 双重 DNS

当内部网络使用没有注册的 IP 地址，或是防火墙进行 IP 转换时，DNS 也必须经过转换，因为，同样的一个主机在内部的 IP 与给予外界的 IP 将会不同，有的防火墙会提供双重 DNS，有的则必须在不同主机上各安装一个 DNS。

3. 虚拟专用网络

虚拟专用网络（VN）可以在防火墙与防火墙或移动的客户端之间对所有网络传输的内容加密，建立一个虚拟通道，让两者感觉是在同一个网络上，保证安全且不受拘束地互相存取。

4. 扫毒功能

大部分防火墙都可以与防病毒软件搭配实现扫毒功能，有的防火墙还可以直接集成扫毒功能，差别只是扫毒工作是由防火墙完成，或是由另一台专用的计算机完成。

5. 特殊控制需求

有时候企业会有特别的控制需求，如限制特定使用者才能发送 Email、FTP 只能下载文件不能上传文件、限制同时上网人数、限制使用时间或阻塞 Java、ActiveX 控件等，依需求不同而定。

（三）与用户网络结合

1. 管理的难易度

防火墙管理的难易度是防火墙能否达到目的的主要考虑因素之一。一般企业之所以很少以已有的网络设备直接当作防火墙，除了先前提到的包过滤不能达到完全的控制之外，设定工作困难、须具备完整的知识以及不易维护等管理问题，更是一般企业不愿意使用的主要原因。

2. 自身的安全性

大多数人在选择防火墙时，都将注意力放在防火墙如何控制连接以及防火墙支持多少种服务上，却往往忽略了防火墙也是网络上的主机之一，也可能存在安全问题。防火墙如果不能确保自身安全，那么防火墙的控制功能再强，也不能完全保护内部网络。大部分防火墙都安装在一般的操作系统上，如UNIX、NT 系统等。在防火墙主机上执行的除了防火墙软件外，所有的程序、系统核心，也大多来自操作系统本身的原有程序。当防火墙主机上所执行的软件出现安全漏洞时，防火墙本身也将会受到威胁。此时，任何的防火墙控制机制都可能失效。当一个黑客取得了防火墙上的控制权以后，黑客几乎可以为所欲为地修改防火墙上的访问规则，进而侵入更多的系统。因此防火墙自身应有相当高的安全性。

3. 完善的售后服务

用户在选购防火墙产品时，除了从以上的功能特点考虑之外，还应该注意好的防火墙应该是企业整体网络的保护者，并能弥补其他操作系统的不足，使操作系统的安全性不会对企业网络的整体安全造成影响。防火墙应该能够支持多种平台，因为使用者才是完全的控制者。而使用者使用的平台往往是多种多样的，因此应选择一套符合现有环境需求的防火墙产品。新产品的出现，就会有人研究新的破解方法，所以好的防火墙产品应拥有完善、及时的售后服务体系。

4. 完整的安全检查

好的防火墙还必须向使用者提供完整的安全检查功能。一个安全的网络需要依靠使用者的观察及改进，防火墙并不能有效地杜绝所有的恶意封包。企业想要达到真正的安全，仍然需要内部人员不断记录、改进、追踪。防火墙可以控制唯有合法的使用者才能进行连接，但是否存在利用合法掩护非法的情形仍需依靠管理者来发现。

5. 结合用户情况

在选购一个防火墙时，用户应该从自身考虑以下的因素：
①网络受威胁的程度。

②若入侵者闯入网络，将要受到的潜在的损失。

③其他已经用来保护网络及其资源的安全措施。

④由于硬件或软件失效，或防火墙遭到"拒绝服务攻击"，导致用户不能访问互联网，造成的整个机构的损失。

⑤机构所希望提供给互联网的服务，希望能从互联网得到的服务以及可以同时通过防火墙的用户数目。

⑥网络是否有经验丰富的管理员。

⑦今后可能的要求，如要求增加通过防火墙的网络活动或要求新的互联网服务。

防火墙如果选择不当的话，可能会起到相反的作用。在防火墙选购中存在的五大误区需要引起注意。

误区一：太过于相信实验数据。

在防火墙的产品说明中，往往会有一些性能、功能方面的参考数字，如吞吐量大小、抗病毒能力有多强等。对于这些数字我们在选购防火墙的时候不能够太过于迷信，而应该以辩证的眼光去看待这些数字。

一方面，这些数字都是实验数据。也就是说，是在一个相对合理的、干扰因素比较少的情况下得出的数据。但是，说实话，现在没有任何一个企业的网络环境可以达到他们测试产品的那种水准。当企业主机数量比较多，若分段不合理，就会造成比较多的网络广播，那时也会影响到这个最终的有效吞吐量。所以，对于实验室出来的数据，我们往往要打个对折。

另一方面，不能够光看某个指标。在选购防火墙的时候，有多达几十项的指标，若其中一个指标，如吞吐量，即使高达10G，但是，若其他指标都很低，那么整体性能也不会好。有时候，厂商在测试产品的时候，往往会把某些功能关掉后再进行测试。在这种情况下，测试出来的数据，实用价值不会很大。因为若把其他功能关掉，就启用一项功能，则CPU等硬件资源就不会发生争夺。如此，某个指标的数字看起来就会好看许多。而在企业中部署防火墙的时候，不可能只用一项功能，当把其他功能开起来的话，则这个数字就会打折扣了。

总之，在防火墙选购的时候，不要太过于相信实验数据。对于他们从实验室得出来的数字，往往要给它们打个对折。打折后的数据，可能水分会少一点。所以，实验数据只能拿来参考。在有条件的情况下，网络管理员要结合自己公司的网络环境，对防火墙产品进行测试。这时测试出来的结果，对于我们防火墙的选购才会有参考价值。

误区二：功能花哨却不实用。

信息化技术现在越来越复杂，而且防火墙产品的竞争也越来越激烈。所以，防火墙厂商为了提高自己产品的市场竞争力，就往往在自己的防火墙产品中集成比较多的功能，以增加市场的卖点。

对于这些功能，我们要冷眼看待。

一方面，要看看这些额外的功能企业是否需要。例如，有些防火墙产品中会集成 VPN 等功能，但是，企业是否需要这项功能呢？网络管理员要事先考虑清楚。因为 VPN 服务不仅在防火墙上可以实现，而且在路由器上也可以实现。如果企业对于 VPN 有比较高的性能要求的话，甚至可以部署一个专用的 VPN 服务器。若在防火墙上实现 VPN 功能，笔者个人认为，有着画蛇添足的味道。在管理上，没有其他实现方式那边简便与人性化。

另一方面，一些额外的功能会耗费防火墙的资源。笔者说过，在实验室中测试产品的时候，往往只是测试单一的功能，如测试吞吐量的话，会把其他功能关闭掉。若把防火墙的功能都启用起来的话，则某个指标的数字可能需要打个折扣了。所以，花哨功能多了，就会大大影响防火墙的性能。这就好像一个巨无霸，网络管理员必须为他提供更好的硬件配置，才能够让其正常地运行。

误区三：太过迷信于品牌。

思科（Cisco）公司的网络产品，无论是防火墙还是路由器，在行业内都是数一数二的。有人甚至把它当作网络设备市场的指南针，跟在其后面发展。但是，其价格也是行业内最高的。所以，若从性价比上考虑，其排名可能并不会靠前。

对于一些资金充足企业来说，几十万的网络设备很容易就买下来了。但是对于一些资金相对紧张的企业来说，在选购防火墙的时候，价格上面可能会有比较大的限制。有时候，甚至成为网络管理员选购防火墙产品的主要参考依据。

无论企业钱多钱少，都不要太过于迷信品牌，而是要更多地在实用性的前提下，看看其性价比。若你的企业网络比较简单，防火墙只需要实现访问控制即可，网络流量也不大。那么你若去买个思科的防火墙产品，就算你购买其最低端的防火墙产品，也有点大材小用了。

企业只有在一些关键应用上，对稳定性、流量、安全性要求都比较高的情况下，才考虑选用思科的网络产品。对于一些普通的应用，则选用国内的产品，如方正等，就已经够用了。

误区四：脱离企业自身的需求。

不少网络管理员在选购网络设备时，有一个坏习惯。他不先考虑企业到底需要实现什么需求，而是先去考察网络设备。如企业需要选购防火墙的时候，他们不是先考虑企业要用防火墙去实现什么目的，而是先去考察防火墙市场，看看各个防火墙产品的差异、能够实现什么功能等。如此做法，有点无的放矢了。所以，在选购防火墙的时候，网络管理员脱离企业自身的需求，只从防火墙产品出发，进行防火墙选型，这是企业在选购防火墙的一个误区。

第四节　成果展示

一、网络防火墙概述

（一）网络防火墙的功能

防火墙具有以下几个功能：

①访问控制功能。这是防火墙最基本也是最重要的功能，通过禁止或允许特定用户访问特定的资源，保护网络的内部资源和数据。

②集中管理功能。防火墙是一个安全设备，针对不同的网络情况和安全需要，需要制定不同的安全策略，然后在防火墙上实施，使用中还需要根据情况改变安全策略，而且在一个安全体系中，防火墙可能不止一台，所以防火墙应该是易于集中管理的，这样管理员就能很方便地实施安全策略。

③保证自身的安全和可用性功能。防火墙要保证自身的安全，不被非法侵入，保证能正常工作。如果防火墙被侵入，防火墙的安全策略被修改，这样内部网络就变得不安全。防火墙也要保证可用性，否则网络就会中断，网络连接就失去了意义。

④流量控制功能。针对不同的用户限制不同的流量，可以合理使用带宽资源。

⑤网络地址转换（Network Address Translation，NAT）。通过修改数据包的源地址（端口）或者目的地址（端口），来达到节省 IP 地址资源，隐藏内部 IP 地址功能。

⑥全面的日志功能。防火墙的日志功能很重要。防火墙需要完整地记录网络访问情况，包括内外网进出的访问，需要记录访问是什么时候进行了什么操作，以检查网络访问情况。

二、网络防火墙的主要技术

随着网络安全技术的整体发展和网络应用的不断变化，现代防火墙技术也在不断发展，防火墙所采用的主要技术如下：

（一）包过滤技术

包过滤技术是对数据包实施有选择地通过的一种技术。包过滤技术的核心是安全策略，即过滤算法的设计。它能拦截和检查所有进出的数据，通过包检查模块验证包是否符合过滤规则，符合的允许通过，不符合的要进行报警或通知管理员。

（二）代理服务器技术

代理型防火墙也可以被称为代理服务器。代理服务器技术是指在两个网络之间运行的一个程序体系：相对于客户来说，它相当于一台服务器；相对于外界服务器来说，它又是一台客户机。当客户机需要使用服务器上的数据时，首先将数据请求发给代理服务器，代理服务器再根据这一请求向服务器索取数据，然后由代理服务器将数据传输给客户机。

（三）状态检测技术

传统的包过滤防火墙只是通过检测 IP 包头的相关信息来决定数据流的通过或拒绝，而状态检测技术采用的是一种基于连接的状态检测机制，将属于同一连接的所有包作为一个整体的数据流看待，构成连接状态表，通过规则表与状态表的共同配合，对表中的各个连接状态因素加以识别。

二、与包过滤防火墙相关的 TCP/IP 网络模型

TCP/IP 参考模型分为四个层次：应用层、传输层、网络层和网络接口层。

（一）应用层

TCP/IP 模型将 OSI 参考模型中的会话层和表示层的功能合并到应用层中实现。应用层面向不同的网络应用引入了不同的应用层协议。其中，有基于 TCP 协议的，如文件传输协议、虚拟终端协议（Telnet），超文本链接协议（HTTP），也有基于 UDP 协议的。

（二）传输层

在 TCP/IP 模型中，传输层的功能是使源端主机和目标端主机上的对等实

体可以进行会话。在传输层定义了两种服务质量不同的协议，即传输控制协议（TCP）和用户数据报协议（UDP）。TCP 协议是一个面向连接的、可靠的协议。它将一台主机发出的字节流无差错地发往互联网上的其他主机。在发送端，它负责把上层传送下来的字节流分成报文段并传递给下层。在接收端，它负责把收到的报文进行重组后递交给上层。TCP 协议还要处理端到端的流量控制，以避免缓慢接收的接收方没有足够的缓冲区接收发送方发送的大量数据。UDP 协议是一个不可靠的、无连接协议，主要适用于不需要对报文进行排序和流量控制的场合。

（三）网络层

网络层除了需要完成路由的功能外，也可以完成将不同类型的网络（异构网）互联的任务。除此之外，网络层还需要完成拥塞控制的功能。由于 IP 定义了在整个 TCP/IP 互联网上数据传输的基本单元，所以，它规定了互联网上传输数据的确切格式。类似于一个在物理网络上传送的帧，IP 包也被分为首部和数据区。首部包含源和目的的 IP 地址、分片控制、优先级以及用来发现传送差错的校验等信息。除了固定长度的字段，每个数据包首部还可以包含一个选项字段。这个选项字段由选项的号、类型以及分配给每个选项数据区的大小而定。

（四）网络接口层

实际上 TCP/IP 参考模型没有真正描述这一层的实现，只是要求能够提供给其上层——网络层一个访问接口，以便在其上传递 IP 分组。由于这一层次未被定义，所以其具体的实现方法将随着网络类型的不同而不同。其中，较常用的为以太网协议。

三、软件防火墙系统框架结构

（一）过滤驱动模块

防火墙驱动程序主要是利用 ipfilterdrv.sys 所提供的功能来拦截网络数据包的。这是从 Windows 2000 开始系统所提供的一种驱动程序。客户程序使用设备控制代码向驱动程序发送设备控制命令（如开始过滤、停止过滤等），并通过过滤钩子驱动与 ipfilterdrv.sys 驱动交互；客户程序使用过滤规则告诉驱动程序是否允许特定的网络封包通过。

（二）内核与用户数据交互模块

内核与用户数据交互通过定义私有输入/输出控制（IOCTL）值，设定内核与用户数据的交互方式。

（三）防火墙程序运行

软件防火墙的安全策略即规则采用动态和静态结合的设计。静态规则由用户或系统管理员根据网络系统的安全策略定制数据包过滤规则，而动态规则由入侵检测系统警报可疑数据包，根据入侵报告定制数据包过滤规则。系统采用动态和静态结合的设计，加强系统管理员主动管理能力，提高了网络防火墙安全策略定制的灵活性，以便及时地对入侵系统的数据包进行有效的拦截。

参考文献

[1] 张春飞. 大学计算机基础实验教程：Window 7+ Office 2010[M]. 上海：上海交通大学出版社，2014.

[2] 邱炳诚. 大学计算机应用基础[M]. 北京：中国铁道出版社，2018.

[3] 郭经华，于春燕，张志勇，等. 大学计算机基础[M]. 2 版. 北京：清华大学出版社，2016.

[4] 蔡绍稷，吉根林. 大学计算机基础：2011 版[M]. 南京：南京师范大学出版社，2010.

[5] 郭松涛. 大学计算机基础：Windows 7+ Linux[M]. 北京：清华大学出版社，2010.

[6] 刘德山，郭瑾，郑福妍. 大学计算机基础：Window 7+ Office 2010[M]. 北京：科学出版社，2013.

[7] 丁亚涛，李梅. 大学计算机基础[M]. 北京：清华大学出版社，2014.

[8] 王丽君. 大学计算机基础[M]. 北京：清华大学出版社，2012.

[9] 陈跃新，李暾，贾丽丽，等. 大学计算机基础[M]. 北京：科学出版社，2012.

[10] 谢希仁. 计算机网络[M]. 5 版. 北京：电子工业出版社，2008.

[11] 步有山，张有东. 计算机信息安全技术[M]. 北京：高等教育出版社，2005.

[12] 蒋加伏，沈岳. 大学计算机基础[M]. 4 版. 北京：北京邮电大学出版社，2013.

[13] 毛京丽，董跃武，李文海. 数据通信原理[M]. 3 版. 北京：北京邮电大学出版社，2011.

[14] 张博. 计算机网络技术与应用[M]. 2 版. 北京：清华大学出版社，2015.

［15］段标，张玲. 计算机网络技术与应用［M］. 2 版. 电子工业出版社，2011.

［16］邵伟琳，杜敏伟. 多媒体设计与制作［M］. 北京：清华大学出版社，2007.

［17］王锋，马慧. 多媒体技术［M］. 北京：科学出版社，2009.

［18］明日科技. Visual Basic 从入门到精通［M］. 3 版. 北京：清华大学出版社，2012.

参考文献

[15] 段新昱，宋辉. 计算机网络技术与应用[M]. 2版. 北京：电子工业出版社，2011.

[16] 郭新房，杜剑明. 多媒体技术与应用[M]. 北京：清华大学出版社，2007.

[17] 王辉，毛漪. 多媒体技术与应用. 北京：科学出版社，2009.

[18] 崔连和，郭秀娟. Visual Basic 程序设计教程[M]. 3版. 北京：清华大学出版社，2012.